Doreen Beier

Überholen mit 1 PS
Wie Manager von Pferden lernen

Doreen Beier

Überholen mit 1 PS

Wie Manager von Pferden lernen

4. unveränderte Auflage 2013

PABST SCIENCE PUBLISHERS
Lengerich

Bibliografische Information der Deutschen Nationalbibliothek
Die Deutsche Nationalbibliothek verzeichnet diese Publikation in der Deutschen
Nationalbibliografie; detaillierte bibliografische Daten sind im Internet über
<http://dnb.ddb.de> abrufbar.

CHIRONDO
Doreen Beier
Grassistr. 12
D-04107 Leipzig
Tel.: +49 (0) 341 / 975 67 79
Fax: +49 (0) 341 / 975 87 90
E-Mail: info@chirondo.de
www.chirondo.de

©2011 Pabst Science Publishers, D-49525 Lengerich
    Konvertierung: Armin Vahrenhorst

Printed in the EU by booksfactory.de

ISBN 978-3-89967-752-2

Inhaltsverzeichnis

1. Ihr Buch – Herzlichen Glückwunsch

Es ist Ihr Buch. Natürlich, werden Sie bei sich denken. Ich habe es gekauft, geborgt, geschenkt oder verschrieben bekommen. Egal auf welchem Weg Sie dazu gekommen sind, dass dieser materielle Zustand des „es liegt vor mir" eingetreten ist – natürlich ist es Ihr Buch.

Das meine ich damit aber nicht. Es ist Ihr Buch – weil Sie der Co-Autor des Buches sein werden. Sie sind nicht Leser, Sie sind der Gestalter des Inhaltes. Ohne Sie ist dieses Buch nur die Aneinanderreihung von Annahmen, Erfahrungen und Hypothesen. Ohne Sie sind die Bilder, die ich Ihnen aufzeigen möchte, nur leere Konstrukte. Es wird mit jeder Seite mehr zu Ihrem Buch, weil Sie diese Seiten mit Ihren eigenen Worten und Interpretationen füllen werden. Und Sie werden merken, dass mit jeder Seite einige Teile in diesem Buch unnötig werden. Es ist ein wenig wie Auto fahren. Stellen Sie sich einfach mal vor, Sie haben Ihre Fahrprüfung bereits vor Jahren bestanden. Sie fahren jedes Jahr einiges an Kilometern. Egal ob Sie Ihr eigenes Auto fahren oder in einem fremden Auto sitzen, Sie werden immer eine Vorstellung davon haben, WAS die Person, die am Steuer sitzt, gerade tut. Und nun stellen Sie sich weiter vor, dass Ihr Fahrlehrer aus der Fahrschule heute neben Ihnen im Auto sitzen würde. Fragen Sie sich selbst einmal, ab wann Sie seine Kommentare (die Ihnen früher mal geholfen haben, Auto fahren zu lernen) als unnötig empfinden. Genau das meine ich. Mit jeder Seite werden Sie die Bilder, die den Rahmen bilden, selbst mit eigenen Inhalten füllen.

Sie werden merken, dass Sie schon beim Lesen der Beispiele immer öfter ahnen, wie das Ergebnis des beschriebenen Prozesses aussehen wird. Und im Laufe des Buches werden die Erklärungen von mir immer unnötiger. Sie werden zum Experten des eigenen Buches.

Ich werde oft gefragt, warum am Ende unserer Trainings niemand eine radikale Verhaltensänderung an sich erkennt, aber trotzdem so andere, bessere Ergebnisse erreicht. Das liegt daran, dass wir das natürliche Verhalten, das in Ihnen angelegt ist, fördern. Sie werden sehen, es ist keine neue Theorie, nichts, „...was Sie so ja noch nie gehört haben!". Wir werden Sie dazu einladen, das Licht Ihrer Aufmerksamkeit mal auf einige Seiten von Ihnen zu richten, die im rationalen Alltag oft untergehen.

Eine Frage, die ebenfalls oft auftaucht, ist die Frage, ob das Konzept auch wirkt, wenn ihm der Teilnehmer kritisch gegenüber steht. Was denken Sie? Wenn wir nur mit dem arbeiten, was Sie mitbringen, sind Sie der Experte der Beispiele. Und, ist nur der ein Experte, der in seinem Fachbereich allen Annahmen zustimmt? Von Experten erwarten wir, dass sie fundiert und auf einem hohen Kenntnisniveau darüber urteilen, wie stark ein Zustand den allgemeinen akzeptierten Regeln entspricht – oder nicht. D.h., der Experte kann, der Experte muss auch feststellen, wenn die Abweichung zu groß ist. Der Experte Ihres Lebens sind Sie. Somit können auch nur Sie darüber entscheiden, wie gut die Beispiele zu Ihrem Erleben passen. Dabei gibt es kein richtig oder falsch. Es gibt nur Ihre subjektive Wahrnehmung.

Natürlich gibt es ein allgemeines Verständnis darüber, wie Vertreter eines Kulturkreises, einer Altersgruppe, einer bestimmten Gemeinschaft ein bestimmtes Verhalten beurteilen. Diesen Vorgang nennen Psychologen intersubjektiv. *Intersubjektivität* geht davon aus, dass ein Sachverhalt für mehrere Betrachter gleichermaßen erkennbar und nachvollziehbar ist. So sind sich Menschen beispielsweise darüber einig, wie man etwas wahrnimmt, wie man es einordnet oder was es bedeutet (z. B. „Obst ist ein Bestandteil gesunder Ernährung"). Somit können Sie durchaus Abweichungen in Ihrem Erleben von einer allgemein als „richtig" verstandenen Lösung für die hier aufgezeigten Fragestellungen bemerken. Wie bedeutsam diese aber sind, wie viel Wert Sie diesen beimessen – das bleibt IHRE Entscheidung. Und die ist immer richtig.

Dieses Buch beschreibt Verhalten und allein der Umstand, dass Sie es lesen können, ist ein guter Anhaltspunkt dafür, dass Sie irgendwann einmal in einer sozialen Instanz (in einer Schule oder im Privatunterricht) lesen gelernt haben. Und dort sind Sie bereits mit dem eigenen Verhalten und dem von anderen konfrontiert worden. Dort sind Erwartungen an Sie gestellt worden. Und Sie haben gemerkt, dass, wenn Sie sich ein Stück weit an den Erwartungen orientieren, Sie Ihre Ziele leichter erreichen. Ein „E" als „EHHH" lesen zu lernen und zu erfahren, dass damit das Wort „ESSEN" beginnt, ist im deutschen Sprachraum wichtig, um nicht zu verhungern. Es ist keine Bedingung, es ist eine Konvention, eine Vereinbarung, der wir zustimmen durch unser tägliches Handeln. Ein Stuhl ist ein Stuhl, weil wir uns darauf vereinbart haben, diesen Gegenstand so zu bezeichnen. Insofern wird das hier beschriebene Verhalten auch nicht bewertet. Es wird reflektiert und vor dem Hintergrund unserer Kultur als hilfreich oder weniger hilfreich eingeordnet. Das mag sich mit Ihrer Meinung nicht in jeder Weise decken. Darum ist es uns auch immer wichtig, dass Sie bei allen Beispielen Ihren eigenen Hintergrund mit einbeziehen.

Das bedeutet, wir haben in diesem Buch Beispiele zusammengetragen und interpretieren diese vor dem Hintergrund unseres Verständnisses von Führung, unserer Erfahrung und dem Abgleich dieser Erfahrungen mit den vielen Teilnehmern in unseren Trainings. Aber wir erheben nicht den Anspruch, dass diese so sind. D.h., Sie entscheiden bei jedem Beispiel, ob Sie diesem zustimmen oder ob Sie damit etwas anderes verbinden, andere Vorstellungen, andere Konventionen haben. Sie haben die Freiheit, zu jedem Zeitpunkt des Beispiels, eine andere Interpretation anzunehmen.

Darum ist es Ihr Buch. Lesen Sie es, gestalten Sie es und – lassen Sie unsere Gedanken Seite für Seite weniger wichtig werden. Sie sind der Autor dieser Seiten – die Sie mit Ihren Gedanken füllen. Lassen Sie uns einfach der Rahmen sein, das Blatt Papier, der gute Anstoß. Die Seitenzahl – in Ihrem Buch – viel Spaß.

Erkenntnisse

Selbstgewonnene Erkenntnisse sind doch was Feines. Sie bleiben ein Leben lang und markieren immer Wendepunkte im Leben. Ob im Guten oder im Schlechten. Wenn Sie einen getroffen haben, sind Sie nicht mehr wegzudiskutieren.

Jeder hat Erkenntnisse. Die Erkenntnis, verliebt zu sein, die Erkenntnis, einen guten Job zu machen, die Erkenntnis, eine Fremdsprache zu beherrschen. Genauso wie Erkenntnisse, um die man insgeheim hofft, drum herumzukommen. Die Erkenntnis, dass einen die Beziehung frustriert, die Erkenntnis, dass der Job nicht zu einem passt, die Erkenntnis, krank zu sein.

Mich traf die Erkenntnis nach langen, schmerzhaften Monaten im Sommer 2009. Es war die Erkenntnis darüber, dass ich nicht den ganzen Tag etwas tun möchte, was mich unzufrieden macht, nur um am Abend sagen zu können, wieder ein Tag geschafft. Ich wollte abends nach Hause kommen und mich auf den nächsten Tag freuen.

Meine Erkenntnis sah wie folgt aus: Ich hatte in einer lukrativen Position in einem Weltkonzern einen steilen und für mich selber überraschend kurzen Weg zur inneren Kündigung hingelegt. Ich bin nie in der großen Organisation angekommen. Schon während der ersten Monate in meinem neuen Job habe ich mich gefragt, welchen Sinn, welche Bedeutsamkeit meine Arbeit für das Unternehmen hat. Und selbst wenn ich den Sinn und Nutzen für die anderen Abteilungen, die Mitarbeiter, die Vorstände niedergeschrieben habe, glauben konnte ich ihn nicht. Ich hatte den Anschluss daran verloren, ein gemeinsames zielgerichtetes Handeln zu haben.

Mit der Entscheidung, zu kündigen, „hielt ich an", hielt ich inne. Ich wollte meinen Drang, Dinge zu ändern, nicht schon so früh zugunsten einer Sicherheit aufgeben, von der ich nicht wusste, ob ich sie brauchen werde. Ich wollte, dass es von nun an anders wird. Ob es damit besser wird, wusste ich nicht. Aber ich bin zu der Erkenntnis gelangt, dass es erstmal anders werden muss, damit es besser werden kann.

Mit dieser Erkenntnis im Rücken begann ich, mein Leben neu zu gestalten. Wenn Erkenntnis wie eine Tropfsteinhöhle funktioniert, dann war ich jetzt soweit, dass sich die von unten wachsenden Gesteinsformen mit den von oben herabhängenden treffen konnten. Und in der Mitte zwischen beiden stand die Frage: „Was erfüllt dich so sehr, dass du es trotz Rückschlägen, trotz Tränen und Verzweiflung immer wieder getan hast. Was erfüllt dich so sehr, dass es keiner externen Motivation bedurfte, um sich immer wieder damit zu beschäftigen?" Und jener sprichwörtliche Tropfen, der das Fass zum Überlaufen brachte – war die Verbindung zwischen den Tropfsteinenden. Ich bezog die Dinge mit ein, die mir schon seit Kindesbeinen an Freude bereiten und mich seit meinem 10. Lebensjahr jeden Tag begleiten: die Pferde.

Heute lebe und arbeite ich in Leipzig. Ich bin selbstständig. Seit Anfang 2010 begleiten meine Pferde und ich Menschen dabei, mehr Zufriedenheit und Erfolg in ihren beruflichen Situationen zu erreichen.

Nach meinem Umzug nach Leipzig begann ich, mir die richtigen Fragen zu stellen. Was sind meine größten Stärken? Wann empfinde ich Zufriedenheit? Wie soll mein Arbeitstag künftig aussehen? Und….was möchte ich künftig denken, wenn ich an einem ganz normalen Montagmorgen aufwache?

Am Ende dieses Prozesses stand die Entscheidung, mich mit pferdegestützten Führungskräftetrainings selbstständig zu machen. Am Tag der Entscheidung fuhr ich in den Stall und erzählte meiner Stute Gomera davon. Gomera reagierte wieder einmal wesentlich gelassener auf diese neue Nachricht als meine Umwelt. Als ob sie wusste, dass es für uns beide der bessere Weg sein würde.

Warum dieses Buch?

Wenn ich in Vorträgen, auf Ausstellungen, auf Kongressen oder auch im Familienkreis über meine Arbeit spreche, blicke ich ganz oft in interessierte, aber auch fragende Gesichter. Was machst du? Mit Pferden? Wie funktioniert das? Aber Pferde sind doch verschieden? Was hat das mit Menschen, mit Mitarbeitern zu tun? Und wenn die Teilnehmer gar nicht reiten können?

Die Vielzahl an Fragen zu meiner Trainingsmethode haben mich veranlasst dieses Buch zu schreiben. Ich möchte Antworten geben, begeistern und anstacheln. Ich sehe es als meine Aufgabe an, Ihnen beim Durcharbeiten des Buches den Einstieg in einen Perspektivwechsel zu ermöglichen. Einen Perspektivwechsel, der Ihnen selbstgewonnene Erkenntnisse außerhalb der verbalen Welt eröffnet.

Der Umgang mit diesem Buch

Eines vorab. Es wird Sie nicht treten, nicht beißen, nicht nach Ihnen schlagen. Aber es wird Sie zwicken, kneifen und ergreifen. Es wird Sie in eine neue Bilderwelt entführen und Sie ganz nebenbei am Erkenntnisgewinn meiner Teilnehmer teilhaben lassen.

Damit Sie sehen, worauf Sie sich einlassen, habe ich im zweiten Kapitel die Methode und die Wirkweise näher beschrieben. Außerdem habe ich in diesem Kapitel viele der Fragen beantwortet, die mir am häufigsten gestellt werden. Ich gebe Ihnen einen kleinen Einblick in die theoretischen Konzepte, die mit der Methode verknüpft sind. Aber immer wieder werde ich Sie über einen kleinen Exkurs damit konfrontieren, wie paradox wir gerade dann handeln, wenn wir denken, besonders „normal" zu sein. Spielen Sie mit diesen Exkursen, diesen Bildern. Prüfen Sie, inwiefern Sie diese auch sehen, inwieweit Sie Bestandteil darin sind.

Im dritten Kapitel kommen wir dann zum Herzstück des Buches, den Coaching-Geschichten. Die Coaching-Geschichten sind immer gleich aufgebaut. Zuerst werden der Teilnehmer und seine Führungsherausforderung vorgestellt. Danach folgt die Beschreibung der Coaching-Situation. Im Anschluss sind Sie eingeladen, sich ganz spontan zur Coaching-Situation zu äußern. Unter der Überschrift „Meine Gedanken" können Sie Ihre Eindrücke vermerken.

Danach folgt die Reflexion, die wiedergibt, wie wir im Training die Situation wahrgenommen und reflektiert haben. Den letzten Teil der Coaching-Geschichten bilden die Transferfragen. Die Transferfragen sind die Brücke zu Ihrem Arbeitsalltag. Die Brücke, an deren Ende Sie sitzen und entscheiden, was davon Einfluss auf Ihr künftiges Verhalten, Ihr künftiges Leben haben soll. Wie es für die Teilnehmer nach dem Coaching am Pferd weitergegangen ist, ist in den Transfergeschichten beschrieben.

Sie können diese Coaching-Geschichten auf verschiedene Weise durcharbeiten.

Sie können Sie durchlesen, sich mit den Bildern in Ihrem Kopf vergnügen und sich denken: Was für eine irre Methode!

Oder aber Sie können sie Stück für Stück durchgehen, sie einen Moment länger wirken lassen, sich mit den Bildern in Ihrem Kopf vergnügen und dann in die Transferfragen eintauchen (...Ihre Meinung zur Methode müssen Sie deswegen nicht ändern....). Das ist

13

die erste Lektion, der erste Weg zu Ihrem Verständnis von sich selbst.

Ich wünsche Ihnen ein lebhaftes Kopfkino, neue Sichtweisen und Erkenntnisgewinne. Denn die eigenen Einsichten und Erfahrungen sind immer noch die stärksten. Schreiben Sie, gestalten Sie – jetzt.

Doreen Beier
Leipzig, April 2011

2. Bei uns lernen Sie kein Reiten

Wenn ich von pferdegestützten Trainings erzähle, höre ich ganz oft: „Kenne ich. Das therapeutische Reiten ist wirklich eine gute Sache." Oder: „Ist ja klasse, dass sich endlich mal jemand der Psyche der armen Turnierpferde annimmt. Oder ist es für die Reiter?"

Wenn ich dann weiter berichte, dass ich mit Menschen arbeite, die persönlich wachsen wollen, die ihren alltäglichen Kommunikations- und Führungsherausforderungen auf andere, effektivere Weise begegnen möchten, ernte ich ganz oft überraschte Gesichter.

Gesunde, erwachsene Menschen holen sich Hilfe im Training mit Pferden? Kann das sein? Dabei ist die Irritation meiner Gesprächspartner ganz plausibel und die Logik daran offensichtlich.

Natürlich, für Kinder und Menschen mit geistiger und körperlicher Beeinträchtigung bringt die Arbeit mit Pferden ganz viel. Sie gibt Nähe, die Menschen lernen Erfolg. Viele Menschen insbesondere mit körperlichen Leistungseinschränkungen erleben zum ersten mal, dass die eigene körperliche Präsenz einen Effekt hat. Das Kind, das sich an den Hals des Pferdes schmiegt und sich von dessen Bewegung mitnehmen lässt, ist um ein Vielfaches natürlicher als ein Erwachsener, der meint, er müsse das Pferd am Zaumzeug in die richtige Richtung ziehen. Zum ersten Mal lernen diese Menschen, dass sie in vielen Dingen so sind, wie alle anderen, oder, in ihrer Betrachtung von der Welt, sogar erfolgreicher. Dem Pferd ist es egal, ob körperliche oder geistige Defizite vorhanden sind. Das Pferd beurteilt das aktive Handeln. Therapeutisches Reiten ist eine gute Methode, diesen Menschen zu helfen, sich selbst zu erfahren.

Aber Menschen ohne Beeinträchtigungen haben doch diese Probleme nicht, dass sie das Erlebnis der eigenen Wirksamkeit nicht kennen. Wir, die Erwachsenen, wissen doch um die Prozesse des miteinander Reden und Arbeiten. Aber wissen wir das wirklich? Sind wir uns wirklich im Klaren darüber, wie wir wirken?

Exkurs: Wieso wirkt das gleiche Verhalten bei mir anders, als wenn ich es bei anderen sehe?

Stellen Sie sich einfach einmal Folgendes vor. Sie sitzen mit der Dame oder dem Herren Ihres Herzens in einem Restaurant. Sie sind verliebt. Sie turteln die ganze Zeit. Das einzige, was stört, ist der Kellner, der Ihnen immerzu suggeriert, noch etwas zu bestellen oder das Lokal zu verlassen. Außerdem haben Sie bemerkt, dass er Ihrer Partnerin immerzu auf den Busen starrt. Zu allem Überfluss war das Ambiente nicht besonders gut, der Wein verkorkt und die Empfehlung des Hauses schmeckte, als würden sich das Lokal und das örtliche Krankenhaus gegenseitig Kunden beschaffen. Nun naht der Moment der Wahrheit – die Rechnung. Aufgrund der hohen eigenen Unzufriedenheit geben Sie kein Trinkgeld. Was denken Sie über sich?

Nun stellen Sie sich die Situation mal aus 2-3 Metern Entfernung vor. Sie sitzen und beobachten das Paar am Nebentisch. Die Gäste haben gegessen, getrunken und der Kellner ist häufig am Tisch, um nach weiteren Wünschen zu fragen. Beim Bezahlen der Rechnung bekommen Sie mit, dass der Mann kein Trinkgeld gibt. Was denken Sie über den Typen?

Wenn Ihnen nun auch nur einen kleinen Moment der Gedanke „Geizhals" durch den Kopf ging, machen Sie sich keine Sorgen. Damit sind Sie wie 95% aller Menschen bei der Erstbeurteilung einer solchen Situation.

Diesen Prozess der Zuschreibung von Persönlichkeitsmerkmalen nur aufgrund von Verhaltensweisen erleben wir täglich tausendfach. Und wir brauchen diese Prozesse, um die Welt um uns zu kategorisieren und einzuordnen. Eine objektive Bewertung ist dabei fast ausgeschlossen. Menschen tendieren dazu, dass positives Verhalten auf eigene gute Persönlichkeitsmerkmale zurückgeführt wird („Ich habe Erfolg, weil ich mir Mühe gegeben habe). Negative Ereignisse schieben wir gern auf äußere Umstände (es hat nicht geklappt, weil ich Pech hatte, der Zeitpunkt nicht passte usw.). Diese Vorgehensweise ist aber unter anderem sehr wichtig für unsere Psychohygiene – d.h. die Gesundheit unseres seelischen Zustandes. Stellen Sie sich mal vor, Sie würden sich für die Dinge, die nicht klappen, immer selbst die Schuld geben. Schrecklich – und genauso wenig objektiv.

Darum ist es so normal, dass wenn zwei dasselbe tun, es noch immer nicht das Gleiche ist – und schon gar nicht im Auge des Betrachters.

Wenn es folglich bei der persönlichen Entwicklung um die Wahrnehmung der eigenen Person geht, geht es darum, in welchem Ausmaß das eigene Bild mit dem Bild der Außenwelt übereinstimmt. Es geht darum, zu erleben, wodurch diese Eindruckbildung erzeugt wird und was Menschen dafür tun können, diesen Moment des ersten Eindrucks zu beeinflussen.

„Für den ersten Eindruck gibt es keine zweite Chance", heißt es. Um also einen guten ersten Eindruck zu hinterlassen ist es wichtig zu wissen, WODURCH der Eindruck entsteht. Das variiert zwischen Personen, Altersgruppen, Geschlechtern und Kulturkreisen. Dabei spielt die Kommunikation eine wesentliche Rolle. Was wird von Wem, Wann und Wie gesagt – oder nicht gesagt.

Das Training mit Pferden richtet sich an Menschen in Entscheidungssituationen. An jene, bei denen Entscheidungen zu den alltäglichen Dingen gehören und die sich darüber klar werden wollen, wodurch die eigene Entscheidung maßgeblich beeinflusst wird. Welches Menschenbild, welche Sympathien und Antipathien und welche Vorurteile in diese Entscheidung mit einfließen. Es richtet sich an Menschen, für die Entscheidungen ein eher außergewöhnliches Ereignis darstellen. Es zeigt ihnen, welche eigenen Ängste und Befürchtungen dazu führen, dass Alternativen vernachlässigt werden und mögliche gute Wege keine Beachtung finden. Und es richtet sich an Menschen, die das eigene Entscheidungsverhalten überdenken wollen. Warum gewinne ich für meine sachlich logischen und richtigen Entscheidungen keine Mehrheiten? Was fördert/hindert den Entscheidungsprozess?

Es richtet sich an Menschen, die das eigene Verhalten aus einer anderen Perspektive betrachten wollen, um sich ihrer sicher zu werden und/oder Veränderungen einzuleiten.

Der Körper spricht immer – die eigene nonverbale Kommunikation erleben

„Man kann nicht nicht kommunizieren" ist der wohl bekannteste Satz zur Kommunikation. „NICHT nicht kommunizieren" bedeutet, dass jede Körperhaltung, jedes Wort, selbst die Abwesenheit eine Form der Kommunikation ist. Stellen Sie sich mal vor, Sie sind verabredet und kommen zu spät. Das ist eine klare Aussage. Zumindest wird die von Ihnen versetzte Person durchaus eine Form der Kommunikation darin sehen.

Exkurs: Was verrät meine nonverbale Kommunikation über meine Empfindungen?

Versetzen Sie sich mal 3000 Jahre zurück. Die verbale Kommunikation hat einen Status wie auf einem Schützenfest ab Mitternacht. Die Diskussionskultur hat Dschungel-Camp-Charakter – wer brüllt gewinnt. Woran erkennen Sie, ob der Nachbar ggf. überlegt, durch den

Einsatz der Keule gegen Sie, die Fleischration für die eigene Sippe zu erhöhen? Sie müssen sich auf die nonverbalen Signale verlassen.

Wenn Ihr Nachbar Sie fixiert, die Augen zusammenkneift und Sie ins Visier nimmt, dann versucht er instinktiv alle anderen Reize auszublenden, die ihn ablenken. Darum kneift er die Augen zusammen. Seine Atmung wird schneller und seine Muskeln werden durchblutet. Wenn Sie sich im Gegenzug darüber wundern, heben Sie die Augenbraue. Aber letztlich nur, um damit die Oberfläche der Augen zu vergrößern, um mehr Reize aufzunehmen. Außerdem atmen Sie tief ein – Sie brauchen die Luft ggf. gleich zum Wegrennen. Sie bekommen ein flaues Gefühl im Magen. Damit sagt Ihnen Ihr Körper, dass er das vorhandene Blut in die Arme und Beine pumpt und die Verdauung für eine Weile mal Nebensache ist. Sie beginnen zu schwitzen. Nicht um durch Geruch abzuschrecken, sondern weil der Körper versucht die Wärmeproduktion durch das Blut in den Muskeln und den schnelleren Herzschlag auszugleichen. Und – weil Sie durch den Schweiß für den Nachbar weniger gut greifbar werden. Dann lacht Ihr Nachbar Sie plötzlich an. Er kneift die Augen zusammen beim Lachen – d.h. er verzichtet auf die visuelle Information und wirft (wahrscheinlich weil er Ihren Schreck bemerkt hat) vor Lachen den Kopf in den Nacken. D.h. er bietet Ihnen als Friedensangebot seine Kehle dar. Sie sind nur froh, mit heiler Haut davongekommen zu sein, und wischen sich die feuchten Hände am Fell ab.

Diese Signale sehen Sie jeden Tag – sehen Sie sich um! Sie sehen, wenn Menschen miteinander flirten, einander ausgrenzen oder die Hierarchie zwischen ihnen. Unser Körper spricht mit vielen tausend Signalen. Diese sind nicht eindeutig und lassen sich (anders als in reißerischen Fernsehserien versprochen) nicht eindeutig einer einzelnen Ursache zuordnen. Aber der Körper spricht immer.

Niemand von uns wird andere Personen wertfrei wahrnehmen oder wird selbst vorurteilsfrei wahrgenommen. Sie sind immer ein Abbild der Gesellschaft. Sie kommunizieren anhand von Regeln miteinander, die erlernt werden müssen. Dabei sind diese Regeln längst nicht mehr nur an von evolutionär bedeutsamen Aspekten ausgerichtet.

So wird es sicher Akzeptanzprobleme geben, wenn Sie auf einem Empfang, in guter evolutionärer Tradition, die Frau des Gastgebers mit den Worten begrüßen: „Ihr Mann kann sich glücklich schätzen, eine Frau mit einem so gebärfreudigen Becken zu haben. Das sichert den Fortbestand Ihrer Familie!" Den weiteren Verlauf des Abends können Sie sich selbst ausmalen und das, obwohl Sie nur kommunizieren, was die Evolution Ihnen aufgetragen hat. Aber dank unserer moralischen Entwicklung sind die meisten von uns sehr wohl in der Lage, diese konfliktträchtige Kommunikation durch Smalltalk zu ersetzen.

Frauen haben es evolutionär gesehen noch schwerer. Wie Forschungen ergeben haben, variiert die Art und Weise, wie Frauen die Männer wahrnehmen, in deutlicher Abhängigkeit vom eigenen Fruchtbarkeitszyklus. An den fruchtbaren Tagen werden große Männer mit tiefer Stimme und kantigen Gesichtszügen bevorzugt. Ungefähr der Machotyp, der in der Werbung eines Herstellers von koffeinhaltigen Getränken mit rot-weißem Markenlabel die Belegschaft eines Büros mit seiner Colalieferung in Ekstase versetzt. In diesen Tagen bevorzugen Frauen den Stärksten der Gruppe. Den Rest des Monats bevorzugen Frauen den Bewahrer-Typ, mit eher weichen rundlichen Gesichtszügen, warmer Stimme – eher so eine Art Puh der Bär. So. Und nun stellen Sie sich vor, Sie treffen, als Mann, auf einer Party mit ohrenbetäubend lauter Musik die Frau Ihrer Träume. Die sonst so taugliche Sprache steht als Kommunikationsmedium nicht zur Verfügung. Und Sie müssen rausbekommen, ob Sie den Macho oder Puh den Bären zeigen müssen. Was denken Sie, wie hoch die Fehlerrate noch ZUSÄTZLICH wäre, wenn Menschen nicht trotzdem ein gutes nonverbales Verständnis voneinander hätten. In diesem Fall sind Sie fast nur auf die Interpretation von Persönlichkeitsmerkmalen und nonverbalen Signalen angewiesen. Dauer des Blickkontakts, Intensität der eigenen

Aktivität, Körperspannung, Intensität der Gestik usw. geben Ihnen Auskunft über die Dominanz des Gegenübers.

Dabei spielen kulturelle Besonderheiten eine wesentliche Rolle. Wie lange sehen wir uns im ersten Kontakt an? Ab wann wird aus dem „Ansehen" ein Anstarren, das möglicherweise sogar bedrohlich und unangenehm ist?

Dafür haben wir ein kulturell geprägtes Verständnis, das uns früh anerzogen wird. Jeder hat die Sätze von seinem Vater oder seiner Mutter gehört: „Starr da nicht so rüber!", wenn wir als Kind zum ersten Mal einen Menschen mit starken körperlichen Beeinträchtigungen sehen. So lernen wir, wie lange ein erster Blick angemessen ist. Später in der Diskothek spüren wir ggf. sehr hautnah, wie gut die Umsetzung dieser Lerneinheit gelungen ist. Wenn wir die Freundin eines Anderen ansehen und mit dem lapidaren Satz: „ Eh Alder, was glotzt Du meine Freundin an – willst Du eine drauf?" lernen, dass das eigene Empfinden eines Blickkontakts zwischen den handelnden Personen variieren kann. Und wir lernen gleich noch etwas Wichtiges zusätzlich: Nicht jedes Angebot ist es wert angenommen zu werden.

D.h. wir müssen uns ständig darüber verständigen, wie groß die Schnittmenge der gemeinsamen Welt ist und woraus diese besteht. Wie lange ist „gucken" noch Interesse, ab wann ist es fixieren und ab wann drohen? Ein deutscher Politiker hat es einmal so formuliert: „Wir haben zwar alle denselben Himmel, aber nicht den gleichen Horizont!" Das heißt, dass die Sicht jedes Einzelnen auf die Welt eine ganz persönliche, eine ganz eigene ist. Und beim Finden dieser Schnittmenge werden neben den sprachlichen Informationen viele nonverbale Merkmale, aber auch andere äußere Merkmale der Person herangezogen.

Dabei treibt diese Zuschreibung von Merkmalen zum Teil wirklich skurile Blüten. Ende des 19. Jahrhunderts hat der Italiener Cesare Lombroso sich intensiv damit beschäftigt, dass nicht nur aktiv nonverbal kommuniziert wird, sondern unser Erscheinungsbild auch ohne Worte und beobachtbares Verhalten einen Hinweis auf komplexe Verhaltensweisen ermöglicht. Er hat daraus eine Theorie abgeleitet, die besagt, dass körperliche Merkmale und der Hang zu speziellen Straftaten in einem direkten Zusammenhang stehen. Menschen mit kleinen schnellen Fingern waren seiner Ansicht nach Taschendiebe, große Menschen gewalttätig usw. Dank der modernen Aufklärung konnten sich solche Ideen nicht durchsetzen.

Trotzdem wird anhand dieser Beispiele deutlich, welche Bedeutung die Kommunikationskanäle für das Zusammenleben in der Gemeinschaft besitzen.

Weit bevor die Sprache als Medium der Verständigung eingesetzt wurde, haben sich Generationen von Menschen über die Körpersprache miteinander ausgetauscht. Das Lächeln als einen universellen mimischen Ausdruck finden wir in allen Kulturen und schon bei Neugeborenen. Auch Kinder verständigen sich nach ihrer Geburt überwiegend nonverbal mit ihrer Umwelt. Immer wenn Menschen nicht verbal miteinander kommunizieren, weil es die Sprache, die Stimme oder die Rahmenbedingungen (Entfernung usw.) nicht zulassen, spricht der Körper alleine. Tanz ist eine der höchsten Formen der nonverbalen Ausdrucksfähigkeit. Und jeder, der seine Partnerin oder seinen Partner schon mal mit einem/einer anderen hat tanzen sehen, weiß, wie viel mit einem Tanz ausgedrückt werden kann, was das an Emotionen im Betrachter hervorruft. Und versuchen Sie mal entspannt zu wirken, wenn Ihre Partnerin dann mit leuchtenden Augen zurückkommt von der Tanzfläche und mit einem Blick auf Ihre tanzunerfahrenen Füße sagt, dass sie sich aber trotzdem am liebsten von Ihnen auf die Füße treten lässt. Darin dann ein Kompliment zu hören erfordert schon ein gesundes Maß an Selbstvertrauen.

Der Eindruck, den die *Körpersprache* macht, ist oft sehr mächtig und Worte haben es schwer, ihn zu dementieren. Da die Körpersprache in einem Hirnareal ausgelöst wird, das uns deutlich schlechter zugänglich ist als unsere Sprache, ist sie schwer bewusst zu beherrschen. Außerdem werden die mit der Körpersprache versandten Informationen als wahrer bzw. authentischer empfunden. Und eben weil sie sich dem Akt der bewussten kontrollierten Willensbildung stärker entzieht als die Sprache, erscheinen uns Brüche darin deutlicher. Ein amerikanischer Autor (Goffman) meinte einmal dazu, dass „die Beherrschung und das Verständnis einer gemeinsamen Körpersprache ein Grund dafür ist, eine Ansammlung von Individuen als Gesellschaft zu bezeichnen."

Die Aufteilung der Kommunikationskanäle folgt dabei sehr einfachen Prinzipien. In jedem Grundlagenkurs über Kommunikation lernen die Teilnehmer, dass die Wirkung einer Botschaft zu ca. 50-60% von der Körpersprache, zu ca. 20-30% von der Stimme und lediglich zu ca. 10% vom Inhalt des gesprochenen Wortes abhängt (Zimbardo 2008).

Dabei wird klar, dass der Informationsgehalt, der tatsächlich vermittelt wird, maßgeblich davon abhängt, wie wir unseren Körper einsetzen. Sicher kennen Sie Menschen, in deren Gegenwart Sie sich immer sicher fühlen. Und wären Sie rational orientiert, müssten Sie bei jeder Gelegenheit, in der Ihr sicheres Gefühl bedroht sein könnte, die Person fragen, ob sie auch ausreichend Fachwissen hat, um die Situation im Griff zu haben? Das tun Sie aber nicht. Sie generalisieren und schließen von einzelnen Merkmalen oder erfolgreich bestandenen Situationen auf die Erfolgsaussichten. Genauso gibt es Menschen, die können sagen, was sie wollen – sie finden kein Gehör. Menschen, die wir sofort vergessen, wenn wir einen Raum verlassen.

Untersuchungen haben gezeigt, wie Personen eingeschätzt werden, die in Situationen positiv reagieren. Dazu wurden Testpersonen Filmaufnahmen von kritischen Situationen gezeigt, in denen Menschen einander halfen, während andere nur zusahen. Danach wurden die Teilnehmer gebeten, die Körpergröße der Personen zu schätzen. Die Helfer wurden dabei systematisch überschätzt, während die Zuschauenden systematisch kleiner geschätzt wurden. Der Held in unserer Kultur, in unserer Vorstellung, ist nun mal ein Großer!

Die Sicherheitsorganisationen in der ganzen Welt spielen mit diesen Wahrnehmungen. Sehen Sie sich mal die Mützen von Polizisten, Soldaten, Würdenträgern, Generälen oder Befehlshabern an. Sie dienen einzig und allein dazu, die absolute Körpergröße nach oben zu verzerren – um so Stärke zu vermitteln. Und zwar noch bevor nur ein einziges Wort gesagt werden muss.

Wir kommunizieren also mindestens auf zwei Ebenen. Auf der verbalen Ebene, auf der das gesprochene Wort im Vordergrund steht, und der nonverbalen Ebene, auf der mittels Gestik, Mimik und weiterer Zeichen unseres Körpers (z.B. Haltung der Schultern, Gesichtsrötung, Geruch) kommuniziert wird.

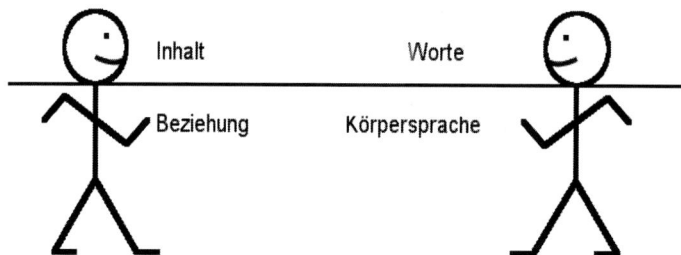

Dabei lassen sich diese Ebenen nicht voneinander trennen, ohne dass Informationen verloren gehen. Das ist der Moment, in dem unser Gefühl uns sagt, dass mit der Situation oder dem anderen irgendwas nicht stimmt. Aber dieser Bruch wird (vorausgesetzt, er betrifft uns selbst nicht nachteilig) als interessant erlebt. Sie kennen das auch. Genau das passiert, wenn wir in einem Cafe sitzen und andere Menschen beobachten. Aufgrund der fehlenden Sachinhalte der Informationen sind wir besonders aufmerksam und uns fallen Gesten besonders auf. D.h., wir verstärken die Aufmerksamkeit auf dem vorhandenen Kanal, wenn uns eine andere Informationsquelle fehlt. Wir wissen nicht, welche Sprache der Beobachtete spricht, ob er oder sie evtl. einen Akzent hat oder einfach keine Lust zu reden. Auch das kennen Sie. Sie schließen die Augen, wenn Sie eine besondere Schokolade essen, wenn Sie einen besonderen Wein trinken oder wenn Sie sich mit dem Hammer auf den Finger gehauen haben. Immer dann fokussieren wir unsere Wahrnehmung auf einen Sinneskanal.

Im normalen Alltag sind wir mit einer enormen Reizüberflutung konfrontiert. Wir erleben ständig Brüche in der Kommunikation, die wir dann mit Zusatzinformationen kompensieren oder mit Ignoranz des Bruches zu verarbeiten versuchen. Die Kellnerin, die uns ohne ein Lächeln und ohne uns anzusehen fragt, ob uns das Essen geschmeckt hat. Da haben wir sofort den Eindruck, die Frage sei kein Interesse an unserer Antwort, sondern lediglich eine Pflichtübung. Nonverbales Verhalten und „Tonspur" passen nicht zu einander. Und was tun wir? Wir reagieren ebenfalls mit einer paradoxen Geste. Wir verstärken dieses Verhalten und somit diesen Bruch, indem wir ein Trinkgeld geben. Dieses aber nur aus der Gewohnheit heraus, um uns nachher draußen darüber zu ärgern und das Restaurant nicht weiterzuempfehlen. Außerdem können Sie sich sicher sein, dass auch bei Ihnen im Moment des „Trinkgeldgebens" der nonverbale und verbale Ausdruckskanal nicht zueinander gepasst haben. Bloß gut, dass die Kellnerin Sie eh nicht angesehen hat, sonst wäre es ihr aufgefallen.

Aber wir sind diese Kommunikationsbrüche gewöhnt, wir tolerieren sie, wir haben unsere Grenzen verschoben. Und erst wenn andere Personen, andere Kulturkreise aufeinander treffen, werden wir mit den Brüchen in der Kommunikation und unseren paradoxen Kompensationsversuchen konfrontiert. So gibt es z.B. unter Tauchern eine Geste, die unter Wasser dem Gegenüber signalisiert: Alles o.k.

OK? OK!

Dafür wird aus Daumen und Zeigefinger ein Kreis gebildet, indem die Fingerkuppen aufeinandergelegt werden und die anderen Finger abgespreizt sind. Fataler Weise bezeichnet das gleiche Zeichen auf dem Land in einigen Kulturkreisen den hinteren Ausgang des Verdauungstraktes. Somit ist die Verwendung des Signals außerhalb des klar definierten Anwendungsbereiches „Tauchen" durchaus konfliktgeeignet.

Exkurs: Woraus entsteht die „komplette Information", wenn doch auf unterschiedlichen Ebenen kommuniziert wird?

Mit dieser Frage beschäftigen sich vor allem Werbefachleute und Marketingexperten noch heute ganz intensiv. Jeder Auftritt eines Politikers wird genau beobachtet. Dabei wird geprüft, welche verbalen und/oder nonverbalen Merkmale geeignet sind, um den Zuhörer zu beeindrucken, um eine Wahlentscheidung positiv zu beeinflussen. Jeder Hersteller trainiert seine Mitarbeiter im Vertrieb, um den Kunden davon zu überzeugen, dass die eigene Ware genau den Bedürfnissen des Kunden entspricht. Das zentrale Modell (ELM), das dabei immer im Hintergrund steht, ist bereits von 1986 (Petty & Cacioppo), aber noch immer aktuell. Die Idee basiert auf einem einfachen Prinzip, mit wenigen Grundregeln.

Die Basis dieser Annahmen bildet eine grundsätzliche Aufmerksamkeitsbereitschaft des Zuhörers. Dann wird im Weiteren von zwei Wegen der Informationsverarbeitung ausgegangen. Erstens, ein zentraler Weg, der die Argumente und Qualität der Informationen berücksichtig. Zweitens, ein dezentraler Weg, der auf nebensächliche, aber schnell wirksame Merkmale des Sprechers abstellt. Das können neben der Attraktivität die Bekanntheit, die Zugehörigkeit zur gleichen Gruppe oder die Länge der Kommunikation sein. Beide Wege wirken unterschiedlich schnell (Es erklärt sich schon aufgrund des physikalischen Unterschiedes zwischen Schallgeschwindigkeit (Worte des Sprechers) und Lichtgeschwindigkeit (Optik des Redners), dass diese Kanäle unterschiedlich schnell angesprochen werden. Die größten

Anteile der verbalen Kommunikation gehören zum zentralen Weg, die Anteile der nonverbalen Kommunikation zum dezentralen. Die meisten Forscher sind übereinstimmend der Meinung, dass der verbale Kanal (eher zentrale Weg) vor allem für den Austausch von Informationen benutzt wird, während der nonverbale Kanal (eher dezentrale Weg) die zwischenmenschlichen Beziehungen regelt und gelegentlich auch als Ersatz für mündliche Mitteilungen dient. Denken wir zurück an unsere Höhle. Der uns körperlich deutlich überlegene Interessent an unserer Fleischration fixiert uns mit zusammengekniffenen Augen. Wenn er uns jetzt die Sachinformation geben würde: „Leg dich ruhig hin!", hätte jeder von uns erhebliche Einschlafschwierigkeiten. Erst wenn er lachend den Kopf zurückwirft, um uns seinen Hals als Öffnungsgeste anzubieten, verlangsamt sich unser Herzschlag und wir werden ruhiger.

Allerdings ist auch die Wirkung des Eindrucks sehr unterschiedlich. Eindrucksbildungen, die durch den dezentralen Weg erzeugt wurden, sind störungsanfällig und sehr leicht zu löschen. Entscheidungen, die aufgrund der Qualität der Aussagen getroffen wurden, sind langlebiger und weniger störungsanfällig. Themen, die eine hohe persönliche Bedeutung haben, werden zentral verarbeitet. Außerdem sind Menschen mit einer guten Stimmung stärker empfänglich für Informationen auf dem dezentralen Weg. Wenn Sie im Sommer, im Urlaub, bei gutem Wetter in einem Cafe sitzen und auf die Flaniermeile ihres Urlaubsortes sehen, hinter der unmittelbar das Meer blaugrün funkelt, wollen Sie dann diese Reize wirken lassen oder lieber über eigene existentielle Themen intensiv nachdenken?

Wir haben den Anspruch, so wahrgenommen zu werden, wie es unserer aktuellen, eigenen Befindlichkeit entspricht. Wir haben den Anspruch, dass Menschen, die Zeit mit uns verbringen, denen wir nahe sind, dass diese Menschen sowohl Signale auf der nonverbalen als auch auf der verbalen Ebene verstehen. Es ist uns wichtig, dass unser nonverbaler Ausdruck ein akzeptierter und berücksichtigter Aspekt unserer Kommunikation ist.

Stellen Sie sich einmal vor, Sie sind aufgrund privater Sorgen auf der Arbeit nachdenklicher, zurückhaltender und in sich gekehrter als sonst. Und ihre Arbeitskollegen, die Sie schon lange kennen und mit denen Sie auch gelegentlich die Freizeit verbringen, bemerken nach der Mittagspause, was Sie für einen fröhlichen, aufgeräumten und aktiven Eindruck machen. Was denken Sie in diesem Moment?

Exkurs: Wenn Kommunikation so untrüglich ist, wenn Brüche so leicht bemerkbar sind – wie kann es dann sein, dass so viel gelogen und betrogen wird?

Lügen sind lebensnotwendig. Wir benutzen sie dazu, um das Selbstwertgefühl zu erhöhen und einen leichteren Umgang mit Vergangenheit, Gegenwart und Zukunft zu ermöglichen. Lügen sind wie ein Make-up der Seele. Menschen haben eine unterschiedliche Empfindsamkeit, wie gut sie offen kommunizieren und mit offener Kommunikation umgehen können. Man setzt häufig kleine Lügen ein, um jemanden nicht zu kränken, um komplizierte Auseinandersetzungen und Erklärungen zu umgehen. Häufig wird dadurch niemand systematisch benachteiligt. Forscher gehen von bis zu 200 Lügen pro Tag bei einem Mitteleuropäer aus. Wobei es schwer ist zu sagen, ab wann eine Aussage ggf. auch aus mangelndem Wissen heraus ein Irrtum oder im Sinne einer bewussten Fehldarstellung zum eigenen Vorteil eine Lüge ist. Die wichtigsten Lügen dienen dem Selbstschutz (41%), also um sich Ärger zu ersparen, 14% lügen, um sich mit einer Konfliktsituation nicht auseinandersetzen zu müssen, 8,5% lügen aus Angst, um geliebt zu werden oder um Anerkennung nicht zu verlieren, 6% lügen, um sich besser darzustellen. Kleine Lügen bzw. „selektive Informationsangaben" gehören also zum alltäglichen Miteinander.

„Lügen" im negativsten Sinne sind Informationen dann, wenn sie gezielt eingesetzt werden, um andere zu täuschen und in unvertretbarer Form zu benachteiligen, zu desinformieren oder in die Irre zu führen.

Forscher (Larcker & Zakolyukina) haben die Sprache und Wortwahl von Chefs analysiert und fanden, dass sie bei Lügen seltener in der ersten Person – „ich" oder „wir" – sprachen, sondern stattdessen lieber auf das Team oder „die Firma" verwiesen. Sie verwendeten auch überzufällig oft Killerphrasen, die Nachfragen unterbinden sollten, beispielsweise: „wie Sie sicherlich wissen..."

Die Brüche in den Kommunikationskanälen zeigen auf, DASS Unstimmigkeiten in der realen Repräsentation der Inhalte vorhanden sind. Da, wie bereits aufgezeigt, sehr viele Kanäle zur Informationsübermittlung benutzt werden, ist es faktisch unmöglich, alle diese Kanäle einzeln bzw. gleichzeitig zu kontrollieren (DePaulo 1992). Selbst Personen, die häufig lügen und damit sehr geübt im Lügen sind, können sich durch Unstimmigkeiten zwischen den Kanälen verraten. In einigen Kulturenkreisen werden zur Identifikation der Lügen auch biometrische Daten herangezogen. Diese als „Lügendetektoren" bekannten Instrumente sollen anhand von biologischen Daten messen, wann gelogen wird. Dabei gehen die Anwender davon aus, dass systematisches, zielgerichtetes Lügen (Konstruktion von Inhalten) andere Hirnareale beansprucht als das Abrufen real bekannter Inhalte (Wahrheit). Außerdem lügen wir in Situationen, die für uns bedrohlich sind. Und immer, wenn wir in bedrohlichen Situationen sind, fängt der Höhlenmensch in uns an, zu schwitzen, rot zu werden oder mit anderen körperlichen Symptomen zu reagieren. Das kann gemessen werden. Aber auch hier gilt: Es wird lediglich eine Änderung in einem Wert erfasst. Ob diese Änderung mit einer inhaltlichen Lüge zusammenhängt, oder nur damit, dass die Gesamtsituation dem Befragten unangenehm ist – kann nur schwer ermittelt werden. Stellen Sie sich einmal Folgendes vor: Sie haben sich ausgesperrt, als Sie nur mit einem Handtuch bekleidet die Zeitung aus dem Briefkasten holen wollten. Es ist kalt und Ihre durchaus attraktive Nachbarin bietet Ihnen an, bei Ihr in der Wohnung zu warten, bis der Schlüsseldienst kommt. Eine andere ggf. geschwätzige Nachbarin beobachtet daraufhin, wie Sie nur mit einem Handtuch bekleidet die andere Wohnung betreten. Wenn Sie am nächsten Tag von Ihrer ziemlich aufgebrachten Frau dazu befragt werden, die bereits von der unbeteiligt zuschauenden Nachbarin informiert wurde, werden Ihre physiologischen Parameter erheblich vom Ruhezustand abweichen – selbst wenn Sie exakt bei der Wahrheit bleiben.

Kommunikation ist komplex und zu allem Übel ist der Mensch durch die dauerhafte Reizüberflutung zu sehr abgestumpft, um alle Signale der verbalen und nonverbalen Kommunikation bewusst zu verarbeiten. Wir nehmen diese jedoch trotzdem wahr, wir bemerken noch dieses leichte „Unwohlsein" in der Magengegend, können aber nur selten benennen, woher es kommt und was es uns sagen will. Das bedeutet natürlich auch, dass viele der von uns wahrgenommenen Schwierigkeiten einfach aus dem eigenen Unvermögen resultieren, die Informationen auf den Kommunikationskanälen zu verstehen.

Dabei sollte dieses diffuse Unwohlsein in Situationen für uns einen wesentlichen Hinweis darstellen. Stellen Sie sich vor, Sie sitzen in der Straßenbahn. Ihnen gegenüber sitzt ein Mann. Kahl rasierter Schädel, kurze Bundjacke, Schnürstiefel, 1.90m, ca. 110 kg, eindeutige Parolen auf dem T-Shirt und eine Büchse Bier in der Hand, wobei Sie berechtigten Grund zu Annahme haben, dass diese Büchse heute nicht seine erste ist. Dieser Mann sieht uns die ganze Zeit ununterbrochen an. Der Höhlenmensch in uns brüllt: Bedrohung! Kampf! Mach dich bereit! Und der sozialisierte Neuzeitmensch – sieht weg. Es gehört sich in unserer Kultur nicht, Mitmenschen so lange und so intensiv anzusehen. Der Mensch ist, genau wie ein Pferd, ein Herdentier. In einer Herde werden lange Blickduelle nur zu zwei Zwecken eingesetzt. Erstens, um Rivalitäten zu klären, und zweitens, um Kontakt anzubahnen. Dabei haben alle Herdentiere ein sehr feines Gespür dafür entwickelt, welche Zeitdauer des Blickkontaktes welche Wirkung erzielt. Personen, die wir kurz ansehen, empfinden das als neutrale Informationssuche im Sinne einer leicht erhöhten Aufmerksamkeit.

Personen, die wir zwischen 2 bis zu 4 Sekunden anschauen, spüren Ihr steigendes Interesse. Bei mehr als vier Sekunden – vor allem, wenn die Augen unbeweglich auf denselben Punkt im Gesicht gerichtet bleiben – wird aus dem Blick ein Starren. Und Anstarren ist Aggression, ist Fokus, ist Kampf.

Jetzt wäre es gut, wenn Sie sich Ihrer eigenen nonverbalen Wirkung bewusst wären und diese gezielt einsetzen könnten. Dann lösen Sie den Konflikt – oder wenn es tatsächlich als Kontakt vom Gegenüber gemeint war... Naja, entscheiden Sie selbst.

Pferde kommunizieren fast ausschließlich nonverbal. Und die natürliche Umgebung der Tiere ist geprägt von nonverbalen Reizen. Wenn Menschen in deren Lebensraum eindringen, sind die Pferde den Menschen um Längen voraus. Sie müssen kaum mit dem Menschen interagieren. Wir Menschen leben in einer sehr verballastigen Welt. Wir haben verlernt, den anderen anzusehen.

Gehen Sie mal in ein Restaurant der „jungen wilden". Dort haben die Kellner kleine Computer, in denen die Auswahl der Gäste direkt am Tisch eingetragen und direkt in die Kasse übermittelt wird. Und wenn Sie die Bedienung dann nach Ihrem Wunsch fragt, sagen Sie solange nichts, bis die Bedienung von dem kleinen digatalen Notizblock aufblickt und wirklich daran interessiert ist, was Sie als Person möchten. Spätestens jetzt werden Sie merken, wie wichtig Ihnen der nonverbale Anteil der Botschaft ist, was Sie als Kunde wirklich möchten.

Folgendes lässt sich aus den vorhergehenden Gedanken ableiten:
– Die Körpersprache in unserer Kommunikation überwiegt. Der Anteil der nonverbalen Kommunikation ist deutlich größer als der Anteil an verbaler Kommunikation.

- Die Körpersprache ist selbstverständlich. Das Sprechen müssen Menschen erlernen, das nonverbale Kommunizieren beherrschen bereits Neugeborene.
- Der Körper spricht immer. Es ist unmöglich, mit dem Körper nicht zu kommunizieren. Nonverbal drücken wir uns zu jeder Zeit aus. Auch das „Fehlen" eines nonverbalen Ausdrucks IST Kommunikation.
- Körpersprache ist wenig rational gesteuert. Sie ist Ausdruck dessen, was wir fühlen, was für ein Selbstkonzept wir haben. Und das unabhängig davon, wie wir uns dieses selbst eingestehen. Die Körpersprache ist weniger bewusst zu beherrschen als verbale Sprache, daher sind die Signale der Körpersprache oft „wahrer" bzw. „echter". Das Aussenden und der Empfang der Signale sind Ausdruck unserer Persönlichkeit und entziehen sich einer willentlichen Manipulation. Wir zeigen, was wir sind. Wenn wir uns ändern, können wir etwas anderes zeigen. Aber da uns über die nonverbale Kommunikation die willentliche manipulatorische Steuerung fehlt, können wir nur schwer etwas zeigen, was wir nicht sind. (Sie können beim 100-Meter-Sprint auch nicht nach oben lügen. Sie können nicht schneller laufen, als Sie eigentlich können. Langsamer – das geht.)
- Daher ist die Körpersprache für uns selbstverständlicher und wird bewusst weniger bemerkt als die Sprache.
- Stimmen Körpersprache und das gesprochene Wort überein, fällt es dem Empfänger leichter, uns als glaubhaft und authentisch wahrzunehmen.
- Widersprechen sich Körpersprache und das gesprochene Wort, steht der Empfänger vor der Frage, welcher Botschaft er glauben soll. Er steht vor dem Dilemma, wie er sich verhalten soll, weil ihm unklar ist, welche Botschaft gilt.

Meine Fragen:
- Wenn die Körpersprache die Beziehungsebene regelt, warum geben wir uns dann so viel Mühe mit den Worten?
- Wenn die Körpersprache so viel über unsere innere Einstellung, unsere Werte, unsere Glaubenssätze verrät, was hindert uns

daran, uns mehr Mühe zu geben, diese bewusster wahrzunehmen?
– Was bemerkt der aufmerksame Beobachter, wenn verbale und nonverbale Kommunikation voneinander abweichen?
– Und umgekehrt: Warum investieren wir nicht mehr Zeit in den Ausbau unserer Beobachtungsgabe und Wahrnehmungskompetenz anstatt immer weiter an unserer verbalen Ausdrucksfähigkeit zu feilen?

Keiner mag Vokabellernen

Es ist wie mit Fremdsprachen. Das Vokabellernen in der Schule mag keiner. Es ist mühsam, langweilig und schnell wieder vergessen. Also, was tun die Lernwilligen, die ja wissen, dass Fremdsprachen wichtig für die eigene Weiterentwicklung sind? Sie unternehmen Sprachreisen, gehen als Au Pair oder für ein Studiensemester ins Ausland. Und, oh Wunder, sie lernen die Sprache wie selbstverständlich beim Tun. Es geht fast von alleine. Die Reaktionen der Mitmenschen machen deutlich, ob sie den Bogen schon raushaben. Die Bilder, Eindrücke und Erlebnisse prägen sich ein und sind auch Jahre später gut aus dem Langzeitgedächtnis abrufbar.

In der Arbeit mit Pferden ist es ähnlich. Die Teilnehmer erhalten einen Übungsplatz, ihre eigene Wirksamkeit zu erfahren und zu reflektieren. Sie erhalten die Chance, ihre Wahrnehmung zu schärfen und „sich selbst bewusster" zu sein. Sie arbeiten an ihrer Körpersprache, an ihrer eigenen Achtsamkeit, Vertrauenswürdigkeit und Eindeutigkeit. Durch ein hohes Maß an Aktivität und emotionaler Beteiligung prägen sich die Bilder und Erkenntnisse ähnlich wie auf der Sprachreise im Ausland gut ein und sind zu einem späteren Zeitpunkt schnell wieder abrufbar.

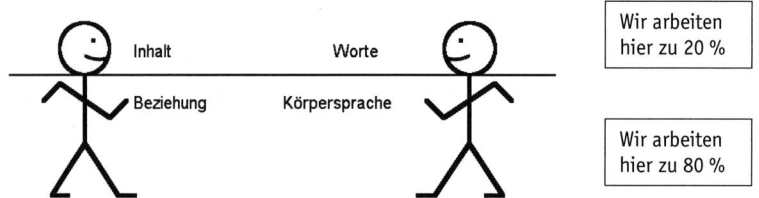

Inhalt	Worte
Beziehung	Körpersprache

Wir arbeiten hier zu 20 %

Wir arbeiten hier zu 80 %

Klassische Seminare	Trainings mit Pferden
▪ Verbal dominiert	▪ Nonverbal dominiert
▪ Wissensvermittlung über Sprache	▪ Bewusstsein erzeugen übers Erleben
▪ Kopflernen	▪ senso-emotionales Lernen
▪ Unterliegt einem gesellschaftlichen Wandel	▪ Ist zeitbeständig
▪ Benötigt Kontextwissen	▪ Benötigt Handlungskompetenz
▪ Der Erfolg ist das richtige Ergebnis	▪ Der Erfolg ist die Reflexion des Prozesses und die Ableitung eines eigenen Ergebnisses

Abbildung: Woran wird bei der Arbeit am Pferd gearbeitet?

Training mit Pferden – Erleben statt Erlesen

Was in der Schule beim Vokabellernen beginnt, hört auch in der Erwachsenenbildung nicht auf. Wissensvermittelung und Faktenlernen stehen im Vordergrund. Wo soll es rein? In den Kopf soll es rein. Dabei besteht der menschliche Körper nicht nur aus „Kopf". Wir haben auch noch Hände, Füße, Herz, Rücken usw. Der Kopf ist zwar wichtig und ohne ihn geht es ganz bestimmt nicht. Aber nur mit dem Kopf ist es ebenso schwierig.

Nur wenige wissen z.B., dass die Haut das größte Atmungsorgan ist, das wir haben. Nur die Durchflussmenge und die willentliche Steuerung können mit dem Munde nicht mithalten. Und wenige trainieren systematisch, wie sie die Informationen der anderen Sinnesorgane in die Kommunikation einbinden. Überall auf unserem

Körper sind Zellen, die Informationen aufnehmen. Wenn Sie wissen wollen, wie warm ein Objekt ist, berühren Sie es. Wenn Sie wissen wollen, wie groß eine andere Person ist, stellen Sie sich daneben. Wenn Sie wissen wollen, ob Essen noch genießbar ist, riechen Sie daran. All diese Reize werden verarbeitet und die wenigsten davon in dem Hirnbereich, in dem die Sprachbildung stattfindet. Natürlich drücken wir diesen Eindruck, das Ergebnis in einem Wort aus. Aber, das sind immer unsere Worte. Sie basieren auf unserem Wortschatz, unserer Ausdrucksfähigkeit und bestenfalls auf einem gemeinsamen Verständnis. Versuchen Sie mal den Geschmack einer Banane zu beschreiben, OHNE dass Sie die Form oder die Frucht mit dem Wort bezeichnen, auf das Sie sich in Ihrem Umfeld geeinigt haben. Sie werden merken, wie schwer das fällt.

Wenn der Kopf und die Sprache zur alles entscheidenden Steuerungszentrale unseres Körpers werden, brauchen wir uns nicht wundern, dass wir auch alle unsere Probleme damit lösen wollen. Wer als einziges Instrument einen Hammer kennt, wird alle Probleme als Nagel betrachten. Im Training mit den Pferden reaktivieren wird den Einsatz aller Kommunikationskanäle. Sie werden sich strecken, um groß zu sein, sich bewegen, um bewusst Dynamik zu kommunizieren, und lernen, in sich zu ruhen, um Vertrauen auszustrahlen. Und Sie lernen, die vielen Instrumente zielgerichtet einzusetzen. Der große Vorteil, den die Arbeit am Pferd bietet, ist, dass alle Sinne angesprochen werden, nicht nur der Kopf bzw. der Kopf nicht mehr als Schwerpunkt. Diesen Effekt bezeichnen wir als „senso-emotional".

Exkurs: Gibt es eine organische Begründung für das „Bauchgefühl?"

In der Entwicklung des Kindes im Mutterleib durchläuft der Embryo verschiedene Stufen. Bereits ab der vierten bis achten Entwicklungswoche differenziert sich das Gewebe und stellt so die wichtigsten Bausteine zur Organentwicklung bereit. Es bilden sich Zellverdickungen. Wenn ab dem dritten Schwangerschaftsmonat die Entwicklung der Organe beginnt, zeigt sich ganz deutlich, warum wir unserem Bauchgefühl so eine wichtige Rolle einräumen müssen. Während der Embryonalentwicklung existieren zwei Zellklumpen, aus denen der eine den Magen-Darmtrakt bildet und der andere für die Entwicklung des Gehirns zuständig ist. Das bedeutet, dass es im weiteren Entwicklungsverlauf immer zwei Areale in unserem Körper gibt, in denen eine extreme Zelldichte zu finden ist, dichter als in allen anderen Bereichen. Und in dem gleichen Ausmaß, wie unser Gehirn lernen kann, lernt auch unser zweites Hirn – unser Bauch. Natürlich nicht durch Worte, sondern durch die Art und Weise, wie körperliche Reaktionen auf wahrgenommene Reize erfolgen. Dabei läuft der Prozess in mehreren Etappen ab. Lassen Sie uns noch mal zurück zu Ihnen als Höhlenmensch gehen.

Sie sitzen vor dem Feuer und bemerken, wie Ihr Nachbar Sie fixiert. Bereits in der Vergangenheit musste Ihre Stresszentrale im Kopf der Hormonzentrale im Bauch Bescheid sagen, dass es Ärger mir größeren Personen in Ihrem Umfeld gibt und der Körper schnell reagieren muss. D.h., es ist im Kopf ein Botenstoff an den Bauch losgeschickt worden, der dort dann ein Stresshormon ausschüttet, welches wiederum alles für den Kampf vorbereitet. Und das Ganze nur aufgrund der evolutionär angelegten Lernstruktur → d.h. durch die zusammengekniffenen Augen und der Fixierung durch den potentiellen Gegner. Ihr Körper hat also gelernt, die im Kopf ankommenden nonverbalen Reize sofort an den Bauch zu schicken. Die Atmung verflacht, das Zwerchfell hebt sich, Sie schwitzen usw. Und das alles noch weit bevor Sie ein Wort mit dem Nachbarn „gesprochen" haben. Ihr Bauch lernt folglich schnell auf nonverbale Signale zu reagieren. D.h., in uns ist ein Programm angelegt, um mit allen Sinnen zu kommunizieren und auch auf allen Kanälen eine Rückmeldung zu geben. Glauben Sie mir, Ihr Gegenüber bemerkt Ihr Schwitzen.

Und dann, wenn Sie in der späteren Entwicklung, so mit ein oder zwei Jahren anfangen zu sprechen, dann sagen Sie allen anderen Kommunikationsorganen, dass sie bitte jetzt schweigen sollen, paradox oder?

Viele Teilnehmer sind überrascht, zu spüren, welche Wirkung das Pferd auf sie hat, wenn sie ihm in unmittelbarer Nähe das erste Mal gegenüberstehen. Das flaue Gefühl im Magen, die Gänsehaut auf dem Arm, das Herz, das schneller schlägt – all das sind Empfindungen, die die Teilnehmer weit entfernt vom Kopf wahrnehmen. In diesen Momenten überwiegt das Fühlen, das Spüren – der Kopf und die Ratio sind ausgeschaltet.

Wenn Sie neben einem Pferd stehen, einem im Übrigen ziemlich neugierigen Tier, reduziert sich Ihre Wahrnehmung zunächst mal auf sehr einfache, sehr basale Dinge. Sie sehen die Größe, Sie spüren die Wärme (besonders die warme Luft der Nüstern), Sie hören die Kraft, wenn es mit den Füßen auf dem Boden stampft oder scharrt. Sie riechen das Pferd. Der Geruch spielt dabei für uns eine ganz wesentliche Rolle. Sie werden merken, wie allein der Geruch schon Gedanken in Ihnen auslöst.

Exkurs: Der Geruch – das ungetrübte Auge? Warum löst Geruch in uns so viel aus?

Wir sind ernährungstechnisch gesehen Allesfresser, sog. Omnivora. Das ist eine wissenschaftlich nicht näher definierte Bezeichnung für Organismen (meist Tiere) mit einem weitestgehend unspezialisierten Nahrungsspektrum (lat. omnivorus, „alles verschlingend"). Obst, Gemüse, Fleisch und Fisch. Lebend, tot – oder irgendwie dazwischen. Evolutionär wäre es fatal, wenn wir verdorbene Nahrung essen. Da wir als Allesfresser aber auch tote Nahrung zu uns nehmen, müssen wir eine Vorrichtung haben, die uns blitzschnell zurückmeldet, ob eine Nahrung genießbar ist, oder nicht. Und weil wir viel zu langsam wären und unsere Vorfahren sich sonst alle vergiftet hätten, hat die Natur uns einen ziemlich dicken Nervenstrang von der Nase direkt ins Gehirn gegeben, der genau an der Stelle endet, wo die Hirnareale sitzen, die uns sofort zu einer Willkürmotorik (dem Ausspucken) zwingen. Damit unterscheidet sich dieser Nervenstrang im Übrigen wesentlich von allen anderen Nervensträngen, die die Reize von außen wahrnehmen und ans Gehirn senden. Stellen Sie Kindern mal Schimmelkäse oder Wein hin. Beides ist für unser Gehirn verdorben und somit erstmal gefährlich. Dass wir diese Lebensmittel später als Genuss bezeichnen, ist paradox.

Aber die Nase ist auch für die Partnerwahl entscheidend. Ein kleines Grübchen in der Nasenscheidewand beeinflusst, wen wir mögen und wen nicht. Dort werden die im Körpergeruch des anderen Menschen enthaltenen Sexuallockstoffe (Pheromone) analysiert. Und dann geht diese Info DIREKT in unser Stammhirn und sagt unserem Höhlenmenschen: Kampf oder Sex. Lediglich unsere gute Erziehung und der gesellschaftliche Umgang eröffnen uns weitere Verhaltensweisen.

Bei anderen Lebewesen wird die Brunftzeit irgendwie angezeigt. Lautes Brüllen, bunte Federn oder komische Bewegungen. Beim Menschen funktioniert das ganz im Stillen. Wir riechen uns so an den Kooperationspartner unseres evolutionären Vermehrungsauftrages heran. Überall dort, wo wir Haare haben, versucht unser Körper den Geruch des Körpers besonders lange besonders frisch zu halten. Die Lockstoffe in unserem Schweiß sagen uns ganz unterschwellig, wen wir mögen und wer zu uns passt, um uns zu paaren. „Ich kann dich nicht riechen!" ist nur die verbalisierte Form dieser Abneigung, die uns sagt:" Nö, deine Gene und meine Gene passen nicht zueinander." Und in den fruchtbaren Tagen priorisieren Frauen den Duft der Männer auch anders als im Rest des Monats. Da wird dann plötzlich aus einem Rümpfen der Nase ein Sich-Strecken, Po-Einziehen, Durchs-Haar-Fahren usw. Diese Fähigkeit ist sogar generationsübergreifend. So findet eine Großmutter auf der Säuglingsstation allein durch den Geruch an den Hemdchen der Babys heraus, welches ihr Enkelkind ist, und zwar OHNE es vorher gesehen zu haben[1].

Nachtrag an die männlichen Leser: Verschwitzte Socken, die nach dem Sport in den Schuhen bleiben und mit diesen mehrere Tage in

---

[1] Vgl. Hirschhausen, 2010

der verschlossenen Sporttasche fahren, stinken. Und der Unmut der Partnerin ist dann nicht ein Zeichen dafür, dass sie nun mal blöderweise nicht die fruchtbaren Tage hat, an denen sie diese Socken lieben würde. Schweiß riecht nicht (außer bei einer Krankheit, die sich Bromhidrosis nennt). Aber Schweiß ist ein wahnsinnig guter Nährboden für Bakterien. Und der Geruch ist die Zersetzung von Schweiß durch diese Bakterien. Also ist der Unmut der Partnerin ein Unmut über die verstrichene Zeit zwischen Schwitzen und Stinken.

Nachtrag an die weiblichen Leser: Der männliche Mensch hat es von allen Primaten am schwersten. Alle anderen bekommen durch z.B. mehr Nähe, besondere Farben oder Schwellungen von Körperregionen der potentiellen Partnerinnen das ultimative „GO" für die Bewerbung als Stammhalter nachfolgender Generationen. Diese Merkmale sind durch unsere Lebensformen kaum noch sichtbar. Kommunizieren Sie also ruhig ausdrucksstark, wen Sie riechen können.

Nachtrag an Enthaarungsfans: Prima, macht es ruhig noch komplizierter, als es eh schon ist.

Unsere Nase ist demzufolge das evolutionäre Auge, das uns sicher durch die Jahrtausende bringt. Demzufolge sind Reize, die wir über den Geruch wahrnehmen, extrem intensiv, schwer löschbar und sehr einprägsam. Der Geruch des Stalls, der Pferde und des Heus erzeugt in den Teilnehmern oft die Assoziation mit Ursprünglichkeit, Natürlichkeit. Da ist das rationale abwägende Denken viel zu langsam, um diesem Eindruck zuvorzukommen. Dieses tiefe, innere gefühlsmäßige Beteiligtsein stellt einen starken Widerspruch zu unserem alltäglichen, „verkopften" Wahrnehmen und Denken dar. Und macht damit den Weg frei für Perspektivwechsel und neue Sichtweisen.

Ein zweiter Aspekt, den die Arbeit am Pferd bietet, ist, dass die Teilnehmer ihr eigenes Führungsverhalten ERLEBEN. Nach dem Motto: „Erleben statt Erlesen" wird das eigene Führungsverhalten für die meisten Teilnehmer zum ersten Mal in einer ganz anderen Umgebung sichtbar und greifbar. Und damit im zweiten Schritt auch begreifbar.

Auch in unserer verbal dominierten Welt versuchen wir ganz oft, mit Bildern zu arbeiten. Gerade gute Redner und Führungskräfte zeichnen sich dadurch aus, dass Sie es schaffen, ein Bild in den Köpfen der Menschen entstehen zu lassen. Wenn das Bild erst in den Köpfen erzeugt wurde, fällt das Entscheiden, Bearbeiten und Folgen leichter. Das Bild im Kopf erzeugt schon ein Ergebnis, nimmt es vorweg und wenn wir das Ergebnis für uns definiert haben, fällt es uns leichter, darauf hinzuarbeiten.

Bei der Arbeit am Pferd brauchen wir das Bild nicht in den Kopf hineinzureden. Es kommt nicht von außen. Es entsteht im Inneren. Es ist da. Es steht im wahrsten Sinne des Wortes vor einem. Durch ganz unmittelbares Erleben brennt es sich ein. Klar und eindeutig.

Exkurs: Was ist dieses mentale Bild eigentlich genau?

Stellen Sie sich einmal Folgendes vor. Sie sitzen in einem Café (Sie merken, die besten Beispiele haben mit rudimentären Bedürfnissen wie z.B. Essen zu tun).

Der Kellner bringt Ihnen einen Kaffee. Der Kaffee hat genau die Temperatur, dass Sie ihn direkt trinken können.

Am Nebentisch bekommt ein anderer Gast ebenfalls eine Tasse Kaffee. Aber, im Gegensatz zu Ihrem, dampft dieser aus der Tasse. Er ist damit viel zu heiß, um getrunken zu werden. Aber – er dampft.

Wenn Sie jetzt sagen sollten, wer von Ihnen beiden zufriedener mit dem Kaffee ist, liegt die Vermutung nahe, dass es der Kollege mit dem dampfenden Kaffee sein wird.

Wir haben ein Bild im Kopf: Ein Merkmal von gutem Kaffe ist, dass er duftet. Er duftet, wenn er heiß ist. Heiß ist er, wenn er dampft. Wenn er dampft, riechen wir dieses angenehme Aroma. Der Geruchsreiz geht direkt ohne Umschaltung in unser Stammhirn. Dort wird ein Ergebnis gefällt, das da lautet: Kaffee gut. Das ist unser mentales Bild. Und immer, wenn wir den Kellner mit einer Tasse Kaffe ankommen sehen, die NICHT dampft, holt unser Höhlenmensch die Keule raus.

D.h. wir bauen uns von Ergebnissen mentale Bilder. Je besser wir uns das Ergebnis vorstellen können, umso einfacher ist der Weg dorthin.

Fragen Sie auf einer Party mal die Gäste danach, was sie tun. Nicht nach der Berufsbezeichnung, sondern danach, was sie tun. Personen mit einem klaren mentalen Bild des eigenen Handelns benötigen dafür 3-4 Sätze mit jeweils ca. 9-11 Wörtern. Menschen, die ein weniger klares Bild haben, benötigen deutlich länger. Menschen, die eine diffuse Jobbeschreibung haben oder das Gefühl, eigentlich gar nicht so genau zu wissen, worin der Sinn ihrer Tätigkeit besteht, beginnen oft mit Floskeln wie: „das ist nicht so ganz einfach...!" oder „Puh, das lässt sich jetzt so in der Kürze nicht beschreiben.". Versuchen Sie es bei sich selbst einmal und fragen Sie sich danach ehrlich, wie klar Ihnen IHR GANZ PERSÖNLICHER BEITRAG zur Erreichung der Jobziele ist.

Wenn ich in der Überschrift schreibe, dass Erleben statt Erlesen auf dem Programm steht, meine ich damit nicht, dass pferdegestützte Trainings künftig als alleiniges Trainingsinstrument am Trainingshimmel stehen sollten. So falsch wie der Versuch ist, Verhalten nur über Sprache, Worte und rationales Denken zu vermitteln, genauso falsch ist es, diese Dinge außer Acht zu lassen. Es geht nicht darum, dass senso-emotionale Trainings die Vermittlung von z.B. Basiswissen über Führung ersetzen. Sie sind eine sinnvolle und notwendige Ergänzung auf dem Weg vom Wissen (ich weiß die Vokabel) zum Können (ich kann in einer fremden Sprache kommunizieren). Dabei stehen der erfolgreiche Umgang mit den Menschen und die Erkenntnis, wie man selbst auf andere wirkt, im Vordergrund. Denn die Grundlage für eine wirksame und nutzbringende Führung ist das Gefühl für zwischenmenschliche Vorgänge und die Anpassung an die jeweiligen Situationen. In den Trainings mit Pferden entsteht eine Beziehung zwischen Mensch und Pferd, an dessen Ende eine Erkenntnis liegt, die aus dem Erlebten kommt[2]. Für mich sind pferdegestützte Trainings deshalb eine wertvolle und bereichernde Ergänzung traditioneller Weiterbildungsmaßnahmen.

Wie es wirkt oder: Was die Teilnehmer „durchmachen"

Wie genau funktioniert die Arbeit am Pferd. Was passiert dabei? Welche Phasen durchlaufen die Teilnehmer während der Übungen?

Jeder Teilnehmer durchläuft während der Übungen am Pferd vier Phasen. Diese vier Phasen mit ihrer Bedeutung für den Lernprozess und ihren Besonderheiten sind in diesem Kapitel beschrieben.

Phase 1: Antizipation – „Auf los geht's los!"

Mit Antizipation ist die geistige Vorwegnahme des gleich zu Tuenden gemeint. Beginnend mit dem gedanklichen Durchspielen der Übung, überlegt sich der Teilnehmer, wie er die Übung gestalten möchte, was sein Ziel ist und was er erreichen möchte. Das Ziel ist, dass der Teilnehmer sich ein möglichst gutes, gedankliches Bild erschafft. Nicht einen Schnappschuss in schwarz/weiß, sondern ein Bild mit Farbe, mit Konturen, mit verschiedenen Perspektiven. Soweit der Anspruch und das Ziel. Vielleicht! Ich schreibe vielleicht, weil meine Teilnehmer für die Antizipation im Durchschnitt acht Sekunden benötigen. Acht Sekunden, um für die nächsten Minuten Anführer einer kleinen Herde mit ganz unterschiedlichen Mit-

---

[2] Vgl. Selan, 2007:17

gliedern zu sein. Mit Mitgliedern, die ihnen völlig unbekannt sind, deren Sprache sie nicht sprechen und deren Einstellung und Bedürfnisse sie nicht kennen. Und um eine Aufgabe zu erledigen, die sie so vorher noch nie durchgeführt haben.

Nach dem Motto „Auf los geht's los!" greifen die Teilnehmer oft schon während des Erklärens der Übung zum Strick. Nur in Ausnahmen kommt es zu Rückfragen. Fragen wie: „Wo sollen wir langgehen?" „Habe ich das richtig verstanden, dass….?" werden selten gestellt. Es ist, als ob eine imaginäre Stoppuhr die Zeit nimmt, als ob wir in der Formel 1 wären und es alleine auf die Zeit ankommt. Zum Teil gehen die Teilnehmer so unmittelbar ans Werk, dass kaum Zeit bleibt, die Kamera in den Aufnahmemodus umzustellen.

Wenn man die Teilnehmer im Nachgang zu den Übungen fragt, wie das Bild aussah, das sie von der Aufgabe im Kopf hatten, folgt oft eine farblose und sehr allgemeine Beschreibung. Konkret scheinen die Teilnehmer ihr Bild selbst nicht fassen zu können. Jegliche Details fehlen. Wenn meine Teilnehmer Künstler wären, würde ich nur graue Kleckse undefinierbarer Gestalt auf beigem Hintergrund als Landschaftsbilder an der Wand hängen haben. Mehr gedankliche Vielfalt haben sie im Vorfeld zu der Übung nicht zugelassen. Wirklich nicht?

Je komplexer Aufgaben werden, desto mehr Bedeutung kommt dem gedanklichen Durchspielen des Auszuführenden zu. Untersuchungen zu den Themen Projektmanagement zeigen immer wieder, dass die Mehrheit der Menschen dazu neigt, zu wenig zu planen. Dabei wäre es durch die verhältnismäßig geringe Investition in die Planung möglich, ein Mehrfaches an Zeit, Geld und Energie zu sparen oder auch den Erfolg der eigenen Arbeit zu erhöhen.[3] Wussten Sie, dass 90% aller IT-Projekte scheitern, weil die Verantwortlichen loslegen, statt genau zu planen und alle Informations-

---

[3] Josef Maiwald und Ute Liebhard, Smarter Life, 2010

quellen zu nutzen? In der Reiterei gibt es dafür das folgende Sprichwort: „Erst muss sich der Reiter versammeln, bevor er das Pferd versammelt". Erst, wenn sich der Reiter konzentriert und innerlich bereit gemacht hat, kann er auch vom Pferd verlangen, dass es macht, was er will. Wie wahr!

Phase 2: Erleben – „Mittendrin statt nur dabei"

Der Teilnehmer startet mit der Übung. Das Pferd reagiert. Manchmal wie gewollt, manchmal nicht wie gewollt. Der Teilnehmer erlebt sich. Er erlebt die Wirkung des Pferdes auf ihn. Und er erlebt seine eigene Wirkung auf das Pferd. Er erlebt, welche Reaktionen sein Tun, sein Verhalten beim Pferd auslösen. Er ist mittendrin. Nicht nur räumlich, sondern auch in seinem Inneren. Der Teilnehmer kann nicht einfach nur dabei sein. Er kann nicht körperlich anwesend und gleichzeitig geistig abwesend sein. Nur ein Programm abspulen geht nicht. Warum nicht?

Zum einen, weil das Pferd eine Wirkung auf uns Menschen hat und Emotionen hervorruft. Immer!! 600 kg wirken einfach. Egal, ob Sie den Kopf oder das Hinterteil vor Augen haben.

Zum anderen reagiert das Pferd in seiner Eigenart als Flucht- und Herdentier (siehe Abschnitt „Warum mit Pferden" – Vom Arbeitstier zum Coach) sensibel und feinfühlig wie ein Radargerät auf jedes Verhalten. Auch auf „kein" Verhalten. Wie wir Menschen auch kommunizieren Pferde über Körpersprache. Das bedeutet, dass den nonverbalen Signalen wie Haltung, Mimik, Gestik, Atmung, Blickkontakt, Bewegungen, Distanz und Nähe besondere Bedeutung zukommt. Und es bedeutet auch, dass das Pferd auch auf „kein" Verhalten reagiert. Denn nonverbal können wir nicht nicht kommunizieren. Unser Körper drückt sich immer aus[4]. Ob wir wollen oder nicht. Pferde haben also immer etwas zu „lesen", wenn wir in ihren Wahrnehmungskreis eintreten.

---

[4] Paul Watzlawick, Watzlawick, 1974

Das Pferd deutet das Verhalten seines Gegenübers und positioniert sich dazu. Wir dürfen nicht vergessen, dass sich dann eine große Masse positioniert. Das ist nicht wie in einem Rollenspiel, in dem man sich verbal aufgeschlossen bei weitgehender Verhaltensstarre[5] die Bälle hin und her spielt, ruhig sitzend und abwartend. Bis die Zeit um ist und man im Anschluss gesagt bekommt, was und wie es besser gehen kann. Bei welchem man aus größerer Entfernung nicht sehen kann, wie gut oder wie schlecht es läuft. Nein! In den Trainings mit Pferd sagen 600 kg, was sie davon halten. Eine ganz schöne Masse, die sich nicht aus Mitleid oder Wohlgefallen dem Rollenspiel, dem nur „Dabei-Sein" hingibt. 600 kg, die jeden Fehler sehen, jeden Fehler benennen und auf jeden Fehler reagieren. Unser „normales" Leben läuft weitestgehend gepuffert ab. Für alles möglich haben wir eine Warnlampe, einen Signalton oder jemanden, der uns sagt: „Hey, gleich passiert dieses oder jenes!" Wir haben uns die ganze Welt so eingerichtet, dass wir möglichst wenig überrascht werden. Dabei ist diese Welt nur Ausdruck dessen, was uns evolutionär sowieso umtreibt. Warum zog sich der Mensch denn in Höhlen zurück? Schutz vor der Witterung, Schutz vor Angreifern – Schutz vor Überraschungen. Der Mensch kann weder besonders gut sehen noch riechen, noch nehmen wir Vibrationen in unserer Umgebung schnell war. Und durch die Technisierung unseres Lebensumfeldes nehmen wir uns auch noch Stück für Stück die Fähigkeit, die Signale unserer Mitmenschen zu erkennen.

Phase 3: Reflexion – „Was haben Sie gefühlt?"

Der Teilnehmer reflektiert anhand von Fragen seine Emotionen und sein Verhalten. Dabei erfolgt ein Abgleich zwischen dem antizipierten Ziel, seinem Vorgehen und seinem Verhalten sowie dem tatsächlichem Ablauf und seinem Empfinden während der Übung.

---

[5] Reinhard Sprenger, Mythos Motivation

Die Reflexionsphase beginnt mit der allgemeinen, fast banal klingenden Frage: „Was haben Sie gefühlt?"

Ganz häufig kommen dann Antworten wie: „Was gut war, war, dass ich mich langsam angenähert habe." Oder, „mir war wichtig, sie nicht zu erschrecken." Nur zurückhaltend wird beschrieben, wie es sich angefühlt hat. Die Frage nach den eigenen Empfindungen scheint ganz schwer zu beantworten zu sein. Manche Teilnehmer frage ich in einer Reflexionsphase drei oder viermal nach ihren Gefühlen, bevor es Antworten in Richtung Gefühl gibt.

Warum ist die Frage nach dem eigenen Empfinden so wichtig? Könnte man nicht auch im Rationalem bleiben? NEIN. Die abertausend von kleinen Sensoren, über die die Teilnehmer am Körper verfügen, nehmen Reize war. Aber in uns werden diese Reize millionenfach umgeschalten. Natürlich ist das Grundprinzip gleich. Optische Reize werden über optische Sensoren aufgenommen, im Gehirnareal für Bilder verarbeitet, mit einem Wort aus dem Areal für Wörter ergänzt usw. Aber welche Emotionen Sie damit verbinden, was dieses Bild bei Ihnen erzeugt, ist absolut individuell. Versuchen Sie mal folgende kleine Übung, wenn Sie das nächste Mal im Freundes- und/oder Bekanntenkreis zusammensitzen. Bitten Sie alle Anwesenden, die Augen zu schließen und an eine Uhr zu denken. Danach fragen Sie einfach mal, wie nun die jeweilige Uhr des anderen aussah, die er/sie sich vorgestellt hat. Sie werden sehen, ein einfacher Impuls erzeugt ganz unterschiedliche Bilder, wobei sich Teile dieser Bilder natürlich ähneln. Daran sehen Sie deutlich, dass diese Abbildung eines sehr einfachen Reizes für jeden Menschen ganz unterschiedlich sein kann.

Untersuchungen (Mukamel 2010)[6] haben sich intensiv damit beschäftigt, dass unterschiedliche Bilder im Kopf auch ganz unterschiedliches Verhalten auslösen. Es wurden Zellen gefunden, die

---

[6] Joachim Bauer; Warum ich fühle, was du fühlst: intuitive Kommunikation und das Geheimnis der Spiegelneurone

sich so intensiv mit der Vorstellung mentaler Bilder beschäftigen, dass die komplette physiologische Reaktion ausgelöst wird. Dazu haben sich Personen im Fernsehen unterschiedliche Sportarten angesehen. Im Vorfeld wurden sie befragt, ob sie selbst Sport treiben und wenn ja, welche Sportart. Die Ergebnisse konnten belegen, dass allein das Ansehen einer Sportart, die man selbst ausführt, zu einer ansteigenden Durchblutung des Gehirns führt, in dem die Bewegungen für diese Sportart geplant werden. Auch die dazu erforderliche Muskulatur wird stärker angesprochen. Dem Gegenüber sinken der Blutdruck und die Hirnaktivität bei Sportarten, die für den Betrachter ohne persönlichen Bezug sind. Daraus folgt, dass das innere Bild eine wesentliche Bedingung für ein zielgerichtetes, erfolgreiches Verhalten darstellt. Das wird vor allem dann bedeutsam, wenn es darum geht, Verhalten zu ändern. Im Straßenverkehr wird durch ein Bundesprojekt gerade versucht, diesen Effekt zu nutzen. Überdimensionale Bilder mit Szenen aus dem Krankenhaus, verwaisten Kindern und Gräbern sollen den Rasern einen Ausblick auf mögliche Konsequenzen des eigenen Verhaltens geben. Mit dem Bild soll ohne Worte ein unangenehmer Zustand antizipiert werden. Mit diesen Bildern kann in der gleichen Zeiteinheit mehr Information vermittelt werden als mit Worten. Die Bilder bleiben im Kopf und erzeugen immer wieder neue Assoziationen. Die Verarbeitung von Bildern ist viel tiefer und schneller als die Verbalisierung des gleichen Inhalts.

Aber! Was muss passieren, damit ein Mensch sich verändert? Sehr zum Leidwesen aller Couch-Sport-Experten, die jetzt vermuten, dass das Ansehen der Sportschau bereits 50% davon ist, sich selbst zu bewegen. Grundsätzlich arbeiten die mentalen Bilder natürlich auch im Kopf bei denen. Auch bei denen wird die Muskulatur stärker durchblutet, nimmt die Stoffwechselrate zu. Und jeder, der eine Hausgemeinschaft schon mal beim gemeinsamen Fußballspiel beobachtet hat, wird den hohen Erregungslevel bemerken. Aber es ist ein kurzfristiger Effekt. Er dauert nicht ausreichend lange an, um die überflüssigen Pfunde zu verbrennen. Veränderung, die uns sicherer in unserem Handeln macht, entsteht durch aktive Beschäftigung. Es reicht nicht, dass der Mensch Dinge begreift – er muss auch ergriffen sein![7] Emotionen sind die Wellen, die uns weitertreiben, Wellen, die uns unbekannte Welten entdecken lassen. Bleiben wir im Rationalen verhaftet, wissen wir zwar, dass es Orte gibt, an denen wir anders, wahrscheinlich sogar besser leben können. In See würden wir trotzdem nicht stechen. Um in See zu stechen, braucht es Fernweh, den Wunsch nach Freiheit und Abenteuer oder ganz furchtbare Zustände, die uns quälen und zur Veränderung veranlassen. Doch wissen wir überhaupt, welche Gefühle sich hinter unseren Argumenten und Verhaltensweisen verstecken?

> Ein Beispiel: Eine Teilnehmerin will alle Übungen mit dem Pferd ohne Strick durchführen. Auf die Frage, warum sie es ohne Strick machen möchte, sagt sie, dass sie das Pferd nicht zwingen will. Auf die Frage, warum sie auf das Pferd keinen Zwang, keinen Druck ausüben will, sagt sie, dass ihr Druckmachen unangenehm ist. Auf die Frage, warum Druckmachen unangenehm ist, antwortet sie, dass das Pferd darauf ablehnend reagieren, sich schlicht weigern könnte. Was daran problematisch ist, war daraufhin die Frage. Das Pferd könnte sich bei dem Versuch, Grenzen aufzuzeigen und die Richtung vorzugeben, widersetzen und abwenden. Sich vielleicht für eine lange Zeit abwenden und ihr keine Aufmerksamkeit und Zuwendung mehr entgegenbringen. In dieser Abfolge von Fragen erkennt die Teilnehmerin, dass die tiefsitzende Angst vor „Du magst mich nicht mehr", vor „dem Verlassenwerden" die Ursache für ihr konfliktscheues Verhalten ist und sie daran hindert, Grenzen zu setzen und klar zu sein.

Wie das Beispiel zeigt, ist die Ursachenforschung ganz eng mit den Gefühlen verbunden. Die Gefühle bilden die Markierungen zum Bohren. Sie sind die Richtschnur, an der wir uns entlang zum Kern unserer Probleme hangeln können. Als Folge einer solchen Tiefenbohrung können wir Wege erkennen, die uns helfen, erfolgsversprechende Antworten zu finden. Denn erst wenn uns (wieder) be-

---

[7] Martin Wehrle, Die 100 besten Coaching-Übungen, 2010

wusst ist, welche Ängste und Freuden uns steuern, worauf wir reagieren, können wir die Zügel selber in die Hand nehmen und uns bestimmen.

Im Verlauf des Trainings gelingt es den Teilnehmern immer leichter, ihre Empfindungen wahrzunehmen und zu verbalisieren. Und damit auch, den Lernprozess gezielt in Gang zu setzen.

In der Reflexionsphase hat der Teilnehmer nicht nur die Möglichkeit, das Feedback des Pferdes genauer zu betrachten. Auch die Rückmeldung der anderen Teilnehmer[8] und die Fragen des Coachs unterstützen ihn dabei, einen umfassenden Selbstbild-Fremdbild-Abgleich vorzunehmen.

Sie fragen sich, warum ein Selbstbild-Fremdbild-Abgleich so wichtig ist? Ein Beispiel: In einer Schweizer Studie[9] wurden sowohl Führungskräfte als auch deren Mitarbeiter gebeten, eine Einschätzung des Führungsverhaltens anhand verschiedener Aussagen vorzunehmen.

Das Ergebnis sah wie folgt aus:

Aussage	Führungskräfte, die mit „Ja" antworteten	Mitarbeiter, die mit „Ja" antworteten
Ich binde meine Mitarbeiter in wesentliche Entscheidungen ein.	79 %	7 %
Es ist eine Stärke von mir, mich in die Lage anderer hineinzuversetzen.	67 %	15 %
Ich schätze die Leistungen und Fähigkeiten anderer.	75 %	18 %

---

[8] Neben Einzelcoachings werden auch Trainings für Gruppen angeboten.
[9] Hendrich 2008, 15

Die Führungskräfte haben ein Bild von sich. Und die Mitarbeiter haben ein Bild von ihren Führungskräften. Auffälligerweise liegen Welten zwischen den Bildern. Die Führungskraft sagt, ich bin ein Toller, der Mitarbeiter denkt sich: Na ja, so toll ist er nicht.

Wenn die Führungskraft keine Rückmeldung darüber bekommt, welche Stärken und Schwächen bei ihr gesehen werden, warum und vor allen Dingen, wohin soll sie sich dann verändern? Bevor Verhaltensänderungen zielgerichtet erreicht werden können, müssen sich zunächst die eigenen Verhaltensmuster und deren Grad der Mitarbeiterbeeinflussung bewusst gemacht werden.

Und wer könnte das Verhalten besser widerspiegeln als die Mitarbeiter? Schauen wir mal auf die Fakten: Der Mitarbeiter sieht sich oft in starker Abhängigkeit zu seiner Führungskraft. Die Führungskraft entscheidet über die Entgelterhöhung, über den Bonus, über die Personalentwicklungsmaßnahmen und das berufliche Fortkommen des Mitarbeiters im Unternehmen. Wie hoch ist wohl die Bereitschaft, offenes und ehrliches Feedback zu geben? Wie oft haben Sie Ihrem Chef schon unmissverständlich zu verstehen gegeben, was Sie von seinem Verhalten halten?

Ich selbst war dabei, als eine unternehmensweite, anonymisierte Mitarbeiterbefragung eingeführt wurde. Das Ziel war es, von jedem Mitarbeiter eine unverfälschte Rückmeldung unter anderem zum Thema „Umgang mit Informationen", zu erhalten.

Damit keine Rückschlüsse auf den einzelnen Mitarbeiter möglich sind, wurde eine Mindestgröße von vier Mitarbeitern festgelegt. Hatte ein Team oder eine Abteilung weniger als vier Mitarbeiter, wurden die Mitarbeiter dem nächsthöheren Bereich zugerechnet und auch mit diesem ausgewertet.

Die Vorbehalte gegen diese Mitarbeiterbefragung waren trotzdem besonders unter den Mitarbeitern groß. „Was, wenn doch Rückschlüsse auf den Einzelnen möglich sind. Es ist ja freiwillig. Besser, wir beteiligen uns erst gar nicht."

Als Führungskraft offenes und ehrliches Feedback zu bekommen ist wahrscheinlich die größte Herausforderung, vor der dieser Personenkreis steht.

Vergleichbare Studien und Ergebnisse gibt es zu allen Lebensbereichen. Ob als Mann und Frau, als Lehrer und Schüler, von Kollege zu Kollege, ein Blick auf seine eigenen Verhaltensweisen zu werfen und geworfen zu bekommen ist immer noch die beste Voraussetzung, sich selbst und sein Leben in seinem Sinne zu gestalten.

Phase 4: Transfer – Ausbau der eigenen Komfortzone und Wachstum

In der Transferphase wird das Erlebte und Reflektierte auf die eigene (Lebens-,) Führungssituation übertragen. In dieser Phase produziert der Teilnehmer „Ergebnisse". Er ist in der Lage, aus seinen Erkenntnissen über sein Verhalten, seine Denkmuster und seine inneren Steuerungsmechanismen neue, veränderte Verhaltensmuster abzuleiten, auszuprobieren und durch die gezielte Wiederholung zu festigen.

Der Teilnehmer ist so in die Lage versetzt, aus sich heraus neue Handlungskompetenzen aufzubauen und zu wachsen. Mit anderen Worten: Es ist Erntezeit! Zu den Erkenntnissen gesellen sich neue Kompetenzen. Die Komfortzone[10] wächst und lässt ein ungeahntes Wohlfühlgefühl zurück, das Kraft gibt und Stolz macht.

Wie der Transfer her- und sichergestellt wird, ist in den Coachinggeschichten im Kapitel 3 ausführlich beschrieben.

---

[10] Stichwort Komfortzone: siehe 10 Säulen für ein smarter life (Maiwald, 2010)

Exkurs: Transfersicherung – vom Pferd an den Arbeitsplatz?

Wie können die Ergebnisse vom Umgang mit dem Pferd auf den Arbeitsplatz übertragen werden? Bei den wenigsten Arbeitsplätzen riecht es wie im Stall, die wenigsten Kollegen sind verrückt nach Möhren und kaum jemand hat einen Chef oder Kollegen mit diesen körperlichen Ausmaßen. Und doch ist vieles sehr ähnlich. Wie gehen wir miteinander um, wenn wir noch wenig voneinander wissen? Wie genau achten wir darauf, wie es dem Interaktionspartner in der Situation geht? Woran erkennen wir, wann der andere uns seine Aufmerksamkeit schenkt? Wie viel Raum geben wir den „Eigenheiten" des anderen, bis sie uns stören? Diejenigen, die verliebt sind oder waren, kennen das. Alles ist rosarot, nichts trübt die Größe der/des Auserwählten. Die Dinge, die uns stören, tauchen erst später auf. Und manchmal stören sie uns dann so gewaltig, dass wir uns selbst fragen, wie wir uns verlieben konnten. Dann wird aus der Eigenart plötzlich eine Macke und später der Stein des Anstoßes zur Trennung. Beim Transfer stellen wir Möglichkeiten vor, wie sich das in der Situation mit dem Pferd gezeigte Verhalten im Arbeitsalltag widerspiegelt.

Diese Transfersituationen sind nur Beispiele, die uns in unserer beruflichen Praxis begegnet sind. Es sind Angebote, darüber nachzudenken, wie die Reaktionen des Pferdes gesehen werden können. Dabei sind diese Bezüge immer nur ein Beispiel – auch wir konnten die Pferde bisher nicht fragen, ob es wirklich so ist.

Aber die Menge der Situationen und die Menge der Informationen über diese Situationen und die Handelnden zeigen oft, dass unsere Interpretationsangebote richtig sind.

Warum mit Pferden – Vom Arbeitstier zum Coach

Ganz ehrlich: Ich glaube, es funktioniert auch mit Delfinen, Tigern, Elefanten, Lamas und so weiter. Aber ich will weder gefressen noch angespuckt werden. Und Tiere zu halten, deren artgerechte Haltung ich in Mitteleuropa nicht gewährleisten kann, kommt für mich nicht in Frage.

Pferde gibt es schon Jahrtausende. Bereits vor hunderten von Jahren haben sie angefangen, für uns Menschen zu arbeiten. Sie haben bei der Jagd geholfen, mobil gemacht, den Boden bestellt, in unzähligen Kriegen mit uns gekämpft. Sie sind Freizeitpartner, Hochleistungssportler und manchmal einfach auch nur „Pferde".

Ganz gleich, in welchen Bereichen unseres Lebens wir auf Pferde stoßen, immer wieder faszinieren sie durch ihre Widersprüchlichkeit. Je nachdem, in welchem Umfeld wir sie erleben, nehmen wir sie mal als groß, kraftvoll, dominant, mal als scheu, schreckhaft und sensibel wahr. Wie kann es kommen, dass so ein großes Lebewesen oft angstvoll und schreckhaft reagiert?

Anders als der Mensch ist das Pferd ein Fluchttier. Bei Gefahr zieht es sich zurück, versucht der Situation durch Weglaufen zu entkommen. Es ist von daher ständig achtsam, immer auf der Hut und jederzeit reaktionsbereit gegenüber Umgebungsreizen. Es kennt keine Achtsamkeitspausen. Es ist andauernd hoch empfindsam für Gerüche und Bewegungen, für Töne und Empfindungen.[11] Das Pferd als Fluchttier hat somit ein Wahrnehmungssystem, das auf das Feinste auf Ausstrahlung und Körpersprache sensibilisiert ist.

Und es ist ein Herdentier. Das heißt, es ist darauf programmiert, in einem Verband mit einer sozialen Struktur zu leben und einen festen Platz in dieser sozialen Struktur einzunehmen. Daher sind ein tiefes Verständnis für Gruppendynamik und eine besondere

---

[11] Vgl. Hendrich 2008:34

Sensibilität für die Auswahl von Führungspersönlichkeiten überlebenswichtig und im Wesen der Pferde verankert.

Ähnlich den sozialen Strukturen bei Menschen gibt es auch in der Pferdeherde Positionen, die durch bestimmte Tiere ausgefüllt werden. So gibt es zum Beispiel den Anführer der Herde, der die Gruppe leitet. Er agiert ruhig, erfahren, ist klar und eindeutig und geht meistens an der Spitze der Herde. Es gibt aber auch den Gruppenkoordinator, der darauf achtet, dass niemand verloren geht. Seine Aufgabe ist es, die Herde zusammenzuhalten. Er geht meistens als Letzter in der Gruppe. Wer in einer solchen Herde welchen Platz einnimmt, richtet sich nach der Stellung der Herdenmitglieder untereinander. Ranghohe Tiere besitzen eine innere Autorität. Sie kommunizieren für uns Menschen häufig kaum wahrnehmbar, da sie kaum körperliche Mittel einsetzen brauchen. Die rangniederen Mitglieder der Herde tragen ihre Konflikte dagegen häufig mit körperlichen und deutlicher sichtbaren Mitteln aus. Insgesamt gilt, dass je höher ein Pferd in der Rangordnung steht, desto kleiner seine Signale sind.

Was hat das Pferd von der Herde, seiner sozialen Organisation? Die Herde bietet dem Einzelnen eine stabile, soziale Gesellschaft, größere Überlebenschancen, bessere Verteidigung gegen Feinde und die Sicherung des Fortbestandes. Ähnlich uns Menschen möchte auch ein Pferd wissen, mit wem es zu tun hat und an welcher Stelle der Andere in der Rangordnung steht. So stellt das Pferd als Flucht- und Herdentier seinem Gegenüber immer zwei Fragen: Bist du Freund oder bist du Feind? Führst du oder führe ich? Die Frage nach Freund oder Feind ist die Frage nach Vertrauen oder Misstrauen, nach Bleiben oder Flüchten. Hinter der Frage „Führst du oder führe ich" steckt die Frage, wer von beiden am besten für Orientierung, Sicherheit, Nahrung – also für das Überleben der Herde – sorgen kann. Wer den Ton angibt und wer folgt.

Das Pferd tritt damit automatisch in eine Kommunikation über Führung ein. Sein Ziel ist es, Antworten auf seine Fragen zu bekommen. Und das Beste: Es reagiert nicht auf das Gesagte, sondern immer auf das Gemeinte. Die Konfrontation mit dem Pferd bringt den Teilnehmern unmittelbare Erkenntnis darüber, ob der Körper das vermittelt, was der Kopf glaubt zu tun.[12] Welche Antworten geben sie ihm?

Pferde kennen keine Rabattmarken

Warum eignet sich die Arbeit mit Pferden als sprachfreie Trainingsmethode besonders zur Reflexion? Weil das Pferd nur auf das Verhalten seines Interaktionspartners reagiert und nicht auf seinen Status, seinen Titel oder auf seine gesellschaftliche Stellung achtet. Weil das Pferd im Gegensatz zu Hochseilgärten und Kletterwänden auf das Verhalten seines Gegenübers „eingeht" und mit seinem Verhalten Feedback gibt. Und weil Pferde nicht im menschlichen Sinne logisch, berechnend, taktisch und nachtragend agieren. Pferde geben offenes, direktes und ehrliches Feedback. Vielen Teilnehmern fällt es leichter, die völlig sachliche Reflexion des eigenen Verhaltens anzunehmen und aufgedeckte Schwächen und sensible Wahrheiten zu erkennen, wenn sie vom Feedbackgeber Pferd vermittelt werden.

Alles, was die Teilnehmer mit dem Pferd erleben, ist „echt" und auch so gemeint. Wenn das Pferd völlig desinteressiert an uns vorbeiguckt und nicht mitgeht, dann meint und will es das so. Dann liegt es an uns zu erkennen, was in unserem Verhalten das Pferd dazu veranlasst hat, sich so zu entscheiden. Gleiches gilt es herauszuarbeiten, wenn sich das Pferd wie von uns gewünscht verhält. Denn von einem können Sie ausgehen: Am Doktor im Namen oder dem Bürgermeistertitel liegt es in beiden Fällen nicht.

Ein weiterer, großer Vorteil, den die Arbeit mit Pferden bietet, umschreibe ich mit dem Ausspruch „Und täglich grüßt das Pferd!".

---

[12] Vgl. Selan 2007:16

Dahinter verbirgt sich die Tatsache, dass jeder Teilnehmer in der Arbeit mit Pferden immer wieder eine neue Chance erhält. Auch wenn die Arbeit am Pferd nicht gleich gelingt, das Pferd nicht macht, was es machen soll, hat der Teilnehmer bei einem Strategiewechsel und einer Änderung seines Verhaltens die Chance, die Aufgabe zu meistern. Oder anders ausgedrückt: Das Pferd klebt keine Rabattmarken. Es zählt nicht heimlich mit, wie oft es bedroht, missachtet[13] und durch die Aussagen seines Gegenübers irregeführt wurde. Es spart seine schlechten Gefühle nicht auf, um sie später gegen einen hohen Preis einzutauschen.

Sind die Anweisungen klar, hat der Teilnehmer durch Achtsamkeit und Zuwendung zum Pferd eine konkrete Vorstellung davon, welche Signale er senden muss, und ist er sich seiner selbst sicher, was er erreichen möchte, hat der Teilnehmer auch im dritten oder vierten Anlauf die Chance, die Aufgabe erfolgreich zu bewältigen. Der Teilnehmer erlebt hautnah, welche Reaktionen sein verändertes Verhalten auslöst. Er erfährt, dass seine Sicht auf die Dinge und sein Verhalten die Welt um ihn herum beeinflussen.

Ein Beispiel: Ein Teilnehmer hat die Aufgabe, das Pferd in einem abgesteckten Viereck um sich herum im Kreis zu treiben. Das Pferd bewegt sich frei, der Teilnehmer hat keine direkte Verbindung zum Pferd. Mehrere Male geht der Teilnehmer zum Pferd in das Viereck. Immer wieder stellt er Kontakt her, bekommt das Pferd aber nie länger als eine halbe Runde zum Laufen. Auch im vierten Versuch endet die Übung darin, dass das Pferd schnaubend in der Ecke steht und der Teilnehmer hilflos vor ihm. Der Teilnehmer stellte zwischendurch die Frage, ob das Pferd irgendwie verhaltensgestört sei (..ähnlich wie seine Mitarbeiter, die auch oft das Gegenteil vom dem machen, was er will…).

---

[13] In den Trainings ist es den Teilnehmern nicht erlaubt, das Pferd mit Stöcken oder Stricken oder anderen Gegenständen als treibende Mittel zu berühren.

Im fünften Versuch schafft es der Teilnehmer, das Pferd wie gewollt zum Laufen zu bringen und in einem großen Kreis mehrere Runden um ihn herum laufen zu lassen.

Dem Teilnehmer ist in den Reflexionsrunden bewusst geworden, dass seine Signale in Richtung Pferd diffus und unklar sind. Das Antreiben drückte er durch weitgehende Verhaltensstarre in seinem Körper und einer kaum hörbaren Stimme aus. Beim Versuch, auf das Pferd zuzugehen und aus der Ecke heraus in den freien Raum zu bringen, wirkten seine dann erhobenen Arme alarmierend und treibend auf das Pferd, welches daraufhin versuchte, seinen erhobenen Händen durch Flucht aus der Ecke zu entkommen. Der Teilnehmer erkannte, dass er das Pferd bremste, wenn er es zum Beschleunigen bringen wollte, und anheizte, wenn er es beruhigen wollte. Und er gab zu, sich selbst überfordert mit der Aufgabe gefühlt zu haben. Erst und einzig die Änderung seiner Einstellung zum Pferd und im zweiten Schritt seines Verhaltens brachte den Erfolg. Die anschließende Transferphase gestaltete sich äußerst produktiv.

Pferde sind verschieden – Menschen nicht?

Vor kurzem habe ich mich in einer angeregten Diskussion über die Frage wiedergefunden, ob es wirklich zielführend sei, Pferde als Spiegel in Trainings und Coachings einzusetzen. Warum? Weil Pferde sehr verschieden sind und die Handhabung niemals eindeutig erklärt werden kann.

Dem konnte ich nur zustimmen. Ja, Pferde sind verschieden, jedes Tier ist auf seine Art und Weise einzigartig. Jedes Pferd zeigt ein unterschiedliches Dominanzverhalten und hat demzufolge auch unterschiedliche Erwartungshaltungen an sein Gegenüber. Sie sind damit die besten Spiegel, die ich mir vorstellen kann.

Denn es geht ja gerade nicht darum, den Teilnehmern ein fest vorgefertigtes Verhalten im Sinne von: „Streicheln Sie das Pferd immer zuerst an der Nase, damit es Ihnen folgt." oder „Sprechen Sie es immer mit tiefer Stimme an, damit es weiß, dass Sie es ernst meinen." beizubringen.

Bei Pferden, wie bei Menschen, geht es darum, sich auf den Anderen einzulassen, ihn wahrzunehmen, ihn wertzuschätzen, sich ihm zuzuwenden, seine Bedürfnisse, Erwartungen und Ängste zu erkennen und eine gleichartige Kommunikation aufzubauen.

Denn eines steht fest: Niemand ist so wie der Andere. Niemand nimmt die Welt so wahr und niemand bewertet die Welt so, wie es jeder Einzelne von uns tut[14]. Wer das zur Grundlage seines Denkens und zum Ausgangspunkt seiner Kommunikation macht, hat gute Chancen, die Notwendigkeit des Umganges mit der Andersartigkeit im Alltag zu meistern. Sowohl mit Pferden als auch mit Menschen. Denn Pferde sind verschieden und Menschen auch.

---

[14] Oder wie es Anis Nin, französische Schriftstellerin, ausdrückte: „Wir sehen die Dinge nicht, wie sie sind. Wir sehen sie, wie wir sind."

3. Führung heißt was? Führen heißt Wirkung erzielen

In der Überschrift dieses Kapitels spreche ich von „Führung". Für mich verbirgt sich dahinter eine große Palette von Tätigkeiten. „Führen" ist für mich nur ein Obergriff, ein Sammelbecken für viele wichtige und verschiedene Verhaltensweisen, die alle auf eines hinauslaufen: Wirkung erzielen.

Palette Führungsaufgaben:

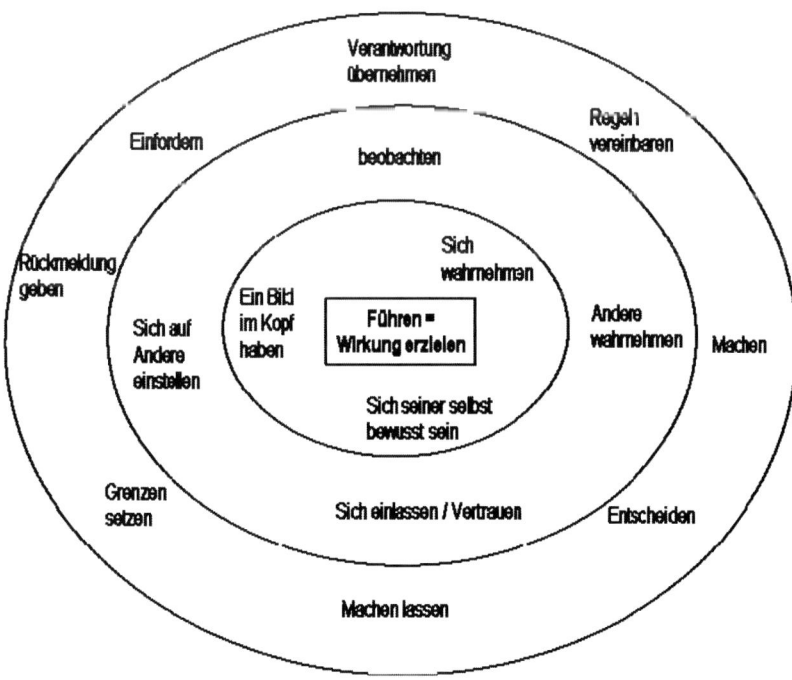

Damit beschränkt sich Führung für mich keinesfalls auf die Arbeitswelt, auf das klassische Mitarbeiter-Vorgesetzten-Verhältnis. Ganz im Gegenteil. Immer dann, wenn Menschen aufeinander treffen, entsteht Austausch (wie in Kapitel 2 beschrieben, kommunizieren wir immer) und wird letzten Endes Wirkung erzielt.

Egal ob als Mitarbeiter, als Chef, als Ehepartner, als Kind, als Mutter oder Vater; immer geht es darum, mit dem eigenen Verhalten einen Effekt zu erzeugen.

Der Mitarbeiter geht zur Arbeit, um seinen Lebensunterhalt zu verdienen und um Wertschätzung und Anerkennung zu erfahren.
Der Chef besucht Seminare, um positiv auf die Motivation seiner Mitarbeiter einzuwirken.
Der Ehepartner arbeitet an einer glücklichen Beziehung, um sich seine Bedürfnisse nach Nähe, Liebe und Geborgenheit zu erfüllen.
Das Kind hat Spaß am Entdecken. Es kann sich stundenlang mit einer Blechtrommel beschäftigen, weil es beim Schlagen auf die Trommel Laute erzeugt.
Die Eltern sehen es mit Stolz, wenn ihre Fürsorge und Erziehung aus ihrem Kind einen selbständigen, glücklichen Erwachsenen werden lässt.

Oder anders herum: Nichts macht Menschen unglücklicher, unzufriedener und „kleiner", als unbemerkt, unbeachtet und unterfordert durch das Leben zu gehen. Viele Hartz IV-Empfänger sind ja nicht deshalb unzufrieden, weil sie wenig Geld zur Verfügung haben, sondern es geht ihnen schlecht, weil sie nicht gebraucht werden, keinen Beitrag zu ihrem Leben leisten können, auf dem Abstellgleis stehen.

Führen sehe ich damit als Fähigkeit, sich auszudrücken und Wirkung zu erzielen. Das eigene Führungsverhalten zu verändern, bedeutet für mich in diesem Zusammenhang sich im ersten Schritt seiner selbst bewusster zu werden und im zweiten Schritt die eigene Wirksamkeit zu erhöhen. Wie das mit Pferden geht? Lesen Sie die nachfolgenden Coaching-Geschichten.

Die Coaching-Geschichten

Wodurch erziele ich nun Wirkung, wenn mir mein Status, mein Titel, meine Macht, meine Redegewandtheit und das Bonussystem nicht zur Verfügung stehen? Wie bekomme ich meine Mitmenschen dazu, etwas zu tun oder zu lassen? Wie klar drücke ich mich aus? Was passiert, wenn ich ja sage, aber nein meine? Und… wie viel Führung will ich übernehmen?

Dies alles sind Fragen, denen die Teilnehmer im Coaching am Pferd begegnen. Mittels der nachfolgenden Coaching-Geschichten haben Sie die Möglichkeit, sich unmittelbar in die Situationen der Teilnehmer hineinzufühlen und an ihren Erlebnissen, Fragen und Erkenntnissen teilzuhaben.

Ich habe die Geschichten ausgewählt, die ich als besonders klar, deutlich und beeindruckend empfinde. Ganz oft sind das Beispiele, bei denen nicht alles „wie am Schnürchen" lief. Aber wie meistens im Leben lernt es sich am besten aus den vermeintlichen „Fehlern". Ich betrachte jeden Fehler als große Lernchance und bin meinen Teilnehmern sehr dankbar, dass sie Ihnen ihre Lernchancen zur Verfügung stellen.

Mit Hilfe der Transferfragen können Sie eine Übertragung auf Ihre persönliche Situation vornehmen. Sie haben die Chance zu reflektieren, in welchen Themenbereichen Sie Wachstumspotenziale haben und wie Sie diese für sich zugänglich machen können.

Wenn Ihnen zusätzlich zu unseren Transferfragen Ihre eigenen Transferfragen durch den Kopf gehen, empfehle ich Ihnen, sich diese aufzuschreiben und an ihnen weiterzuarbeiten.

Eddy – ein Verweigerer?

Der Teilnehmer und sein Alltagsproblem

Sven Meier ist Führungskraft und Geschäftsstellenleiter in einem Dienstleistungsunternehmen. Nach eigenen Angaben ist er ein „Erfolgssuchender". Er ist ein junger, experimentierfreudiger Mann, der Herausforderungen liebt. Sven Meiers Platz ist die Spitze, da, wo vorne ist. Es gibt kaum eine Aufgabe oder Situation, die ihn ängstigt. So gelingt es Sven Meier auch besonders gut, neue, vielversprechende Geschäftsfelder zu entdecken und aufzubauen.

Allerdings erlebt es Sven Meier immer wieder, dass sich seine Mitarbeiter in entscheidenden Momenten hinter ihm verstecken. „Sie ziehen dann nicht so durch, agieren nicht wie abgesprochen, sondern knicken ein und holen lieber mich ran. Obwohl wir doch alles besprochen haben, wollen meine Mitarbeiter dann beispielsweise nicht alleine zum Kunden. Lieber zu zweit oder mit mir. Und ganz ehrlich. Wenn ich dann doch jedes Mal mit muss, kann ich es auch gleich alleine machen!"

Frage: Wie bekomme ich meine Mitarbeiter „zum Durchziehen"?

Die Situation

Sven Meier hat die Aufgabe, eine Hindernisstrecke aufzubauen, welche er im Anschluss gemeinsam mit Eddy einmal durchlaufen soll. Beim Durchlaufen des Parcours mit Eddy soll Sven Meier Eddy aus dem Hintergrund mit Leinen führen (..ähnlich wie beim Kutschefahren nur ohne Kutsche…). Durch Nachgeben und mentale Energie wird das Vorwärtsgehen, durch Annehmen der Leinen das Anhalten erzeugt.

Gemäß dem Motto: Keine Aufgabe, die ich nicht bewältigen kann, baut Sven Meier den Parcours entsprechend kreativ, kurven- und abwechslungsreich. Auch die blaue Plane des Wassergrabens darf nicht fehlen und findet ihren Platz in der Mitte des Parcours.

Als der Parcours gebaut war, wird Eddy in die Bahn geführt. Sven Meier tritt hinter Eddy, nimmt die Leinen in die Hand und los geht es. Durch Nachgeben und Antreiben mit den Leinen in der Manier eines erfahrenen Postkutschenfahrers des Wilden Westens setzt sich Eddy erwartungsgemäß in Gang.

Die ersten Hindernisse durchläuft das Duo zielstrebig und ohne Zögern. Sven Meier und Eddy scheinen sich gut zu verstehen.

Doch dann. Hinter der nächsten Kurve lauert die blaue Plane auf dem Boden. Die Plane kommt in Sichtweite, Eddy wird langsamer, bleibt stehen. Sven Meier schnalzt mit der Zunge, gibt nach und lässt die Leinen deutlicher auf Eddys Hinterteil niedersausen. Eddy setzt sich in Gang, bricht jedoch zur Seite aus und kommt einige Meter entfernt von der Plane zum Stehen. Sven Meier wird deutlicher. Mehr Nachgeben, Schnalzen und druckvollerer Umgang mit den Leinen sollen Eddy zum Überqueren der doch nun wirklich harmlosen Plane bringen.

Eddy setzt sich immer wieder in Bewegung, biegt aber jedes Mal früher und energischer vor der Plane in die entgegengesetzte Richtung ab. Auch mit dem vermehrten Annehmen der Leinen kann Sven Meier Eddy nicht von seiner Flucht vor der Plane abhalten. Beim letzten Versuch springt Eddy ruckartig zur Seite, fällt in den Trab und läuft, Sven Meier hinter sich herziehend, zum Ausgang der Reitbahn. Danach kann Sven Meier ihn nicht mehr dazu bringen, sich umzudrehen und wieder in Richtung Parcours zu gehen. Die Aufgabe ist zu Ende.

Sven Meier ist enttäuscht, dass er Eddy nicht zum Überwinden der Plane motivieren konnte. Dabei war er doch so klar und deutlich in dem, was er wollte.

Meine Gedanken

– Warum hat sich Eddy so verhalten?
– Wie würde meine Rückmeldung an Sven Meier aussehen?

Reflexion

Sven Meier wird in der Reflexionsphase bewusst, dass er auf Eddys Zögern, Stehenbleiben und Weglaufen mit immer demselben Mittel reagiert hat. Mehr Druck! Eddys Zeichen des Unwohlseins, der Angst, der Überforderung hat er nicht als solche wahrgenommen. Sven Meier hat zwar gesehen, dass sie immer weniger dicht an die Plane herankommen, aber keine Umstellung seiner Verhaltensweise gezeigt. Erst das totale Verweigern von Eddy hat ihn zum Aufhören gebracht bzw. gezwungen.

Eine Variation im eigenen Verhalten ist ihm nicht in den Sinn gekommen. Das anfänglich erfolgreiche, klare und fordernde Führungsverhalten hat Sven Meier unbeirrt des geänderten Verhaltens von Eddy durchgezogen. Aus dem leistungsbereiten Eddy hat er einen Verweigerer gemacht.

Sven Meier wird deutlich, dass er in Situationen mit Kontrollverlust zu einem „Mehr-vom-Gleichen-Verhalten"[15] tendiert. Er erkennt, dass er Eddy wenig Raum gegeben hat, sich die angsteinflößende Plane näher anzuschauen. Eddy hatte keine Möglichkeit, sich mit der Aufgabe vertraut zu machen. Er sieht, dass er beim Aufbau des Parcours nicht an Eddy gedacht hat. Sven Meier hat sich nicht gefragt, welches Leistungsniveau Eddy hat. Er hat auf-

---

[15] Siehe auch Paul Watzlawick, der in seinem Buch: Vom Schlechten des Guten oder Hekates Lösungen. Piper, München 1986, darauf hinweist, dass zu viel vom Guten stets ins Böse umschlage.

gebaut, was ihm in den Sinn kam. Wie Eddy später diese Hürden nehmen würde, spielte keine Rolle bei seiner Planung. Für Sven Meier war es ein erstklassiger Parcours, mit dem er zeigen konnte, wie kreativ und großartig er ist.

Sven Meier erkennt, dass Druck ohne Vertrauen Angst erzeugt, die mit keiner Menschenkraft im Zaun zu halten ist. Die sprichwörtliche Flucht vor der angstauslösenden Aufgabe, Situation und Person ist die Folge. Auch die Frage nach der Leistungsfähigkeit seiner Mitarbeiter wird für ihn künftig eine Rolle bei der Planung und Ausgestaltung der anstehenden Aufgaben spielen.

Mit Blick auf seine Führungsverantwortung erkennt Sven Meier, dass eine Variation seines Verhaltens notwendig ist. Ein Anhalten, ein „in Ruhe schauen lassen", ein „sich mit der Aufgabe vertraut machen" hätte mehr zur Lösung der Aufgabe beigetragen als der Versuch des „Augen zu und durch".

Transferfragen

- Welches andere Verhalten ist noch möglich?
- Woran erkennen Sie Unsicherheit bei den Menschen in ihrer Umgebung?
- Wie führen Sie Menschen an neue Aufgaben heran?
- Wie stark beziehen Sie Menschen bei der Planung der Aufgabe/Aufgabengestaltung ein?
- Wie viel Zeitpuffer planen Sie für Aufgaben ein?
- Wie reagieren Sie auf Verzögerungen?

Erkenntnisse

- Nicht mehr vom Gleichen – sondern anders.
- Druck ohne Vertrauen erzeugt Angst.
- Angst nimmt man nicht durch Druck.
- Den Partner frühzeitig einbeziehen.

Wie ging es für den Teilnehmer weiter?

Der weitere Transfer bei Sven Maier bestand vor allem darin, den Prozess der Zielvereinbarung im Arbeitsalltag mal zu betrachten.

Wie werden dort Ziele vereinbart? Wer legt die Menge der Ziele, die Annäherungsgeschwindigkeit und die Wiederholungsrate fest? Sven Meier bekam die Aufgabe, für alle seine Mitarbeiter ganz kurz auf Karteikarten die 3 größten Stärken und 3 größten Schwächen aufzuschreiben. Anschließend sollte er die Ziele seiner Abteilung mal zu jedem einzelnen Mitarbeiter in eine Beziehung setzen und sich für jeden folgende Fragen beantworten:
- Welche seiner Stärken sind für die Zielerreichung förderlich?
- Welche seiner Schwächen sind für die Zielerreichung hinderlich?
- Woran erkenne ich als junge Führungskraft, dass eine Grenze erreicht ist?
- Welche auf die individuellen Stärken und Schwächen des Einzelnen angepassten Führungstechniken habe ich?

Schnell wurde ihm dabei bewusst, dass die Ziele eher von ihm vorgegeben als wirklich vereinbart waren. Und selbst dort, wo eine formale Vereinbarung vorlag, hatten seine Mitarbeiter versucht, seinen Ansprüchen zu entsprechen. Er kannte die Stärken und Schwächen zwar, hatte aber die Ziele und den Weg der Zielerreichung darauf kaum angepasst. Und er hatte sich kaum darüber Gedanken gemacht, woran er erkennt, wann der Einzelne an eine persönliche Grenze kommt.

Schnell hatte sich Sven Meier darauf eine Strategie überlegt, die vor allem für den letzten Punkt eine praktikable Abhilfe darstellte. Jeder seiner Mitarbeiter hat seitdem einmal im Monat ein Ampelgespräch. Das ist ein kurzes Statement, in dem der Mitarbeiter, in Form einer Ampel, kurz sagt, wie weit die eigenen Grenzen erreicht sind. Das können physische Grenzen, Motivationsgrenzen oder Arbeitsbelastungsgrenzen sein. Der vom Mitarbeiter nur als Farbe benannte Zustand wird nicht diskutiert oder in Frage gestellt. Es wird nur besprochen, was getan werden muss, um kritische Zustände abzubauen. So hat Sven Meier die Entscheidungsfreiheit, sein eigenes Handeln auf den aktuellen Zustand seiner Mitarbeiter abzustellen.

Das erste Mal – geht's schon los?

Der Teilnehmer und sein Alltagsproblem

Silke Grubenbach ist Abteilungsleiterin in einem Dienstleistungsunternehmen. Sie übernimmt bereits seit mehreren Jahren Führungsverantwortung. Sie mag ihre Arbeit, ist gerne Führungskraft. Sie schafft es, Konflikte und Spannungen im Team immer wieder geschickt auszugleichen und aufzulösen. Sie bezeichnet sich selbst als das „Hygienehandtuch" der Abteilung. Sie hat immer ein offenes Ohr für die Probleme ihrer Mitarbeiter. Sie kennt ihre Mitarbeiter und nimmt „Unwohlsein" und Misstöne in ihrem Team frühzeitig wahr. Sie freut sich, mit ihren Mitarbeitern so gut auszukommen.

Allerdings empfindet sie ihre Arbeit als zunehmend anstrengender. Irgendwie fehlt es ihr immer mehr an Zeit. Große Zeitfresser sind in ihren Augen die Team- und Projektsitzungen. Es braucht sehr lange, bis Entschlüsse gefasst sind, bis alle Beteiligten einen Konsens gefunden haben. Und auch die vielen Einzeltermine mit ihren Mitarbeitern, die alle wichtig sind, pflastern ihr mehr und mehr ihren eigenen Kalender zu.

Frage: Wie erreiche ich es, dass ich mehr Zeit für mich habe und die Mitarbeiter selbständiger werden?

Die Situation

Silke Grubenbach hat die Aufgabe, gemeinsam mit Gomera eine festgelegte Wegstrecke zurückzulegen. Silke Grubenbach hat für die Aufgabe einen Strick zur Verfügung, der direkt mit Gomeras Kopf verbunden ist.

Vor Silke Grubenbach ist ein großes Viereck aufgebaut, dessen Ecken durch Pfeiler markiert sind. Silke Grubenbach soll gemeinsam mit Gomera außen am Viereck vorbeigehen, wobei sie den zweiten und den vierten Pfeiler beim Vorbeigehen einmal umrunden soll.

Als die Aufgabe erklärt ist, greift Silke Grubenbach zum Strick von Gomera und übernimmt sie damit.

Silke Grubenbach sieht Gomera fasziniert an, berührt sie sanft an Hals und Schulter. Gomera indessen senkt ihren Kopf, nimmt mit ihrer Nase Gerüche vom Boden auf und bewegt sich langsam schnuppernd vorwärts. Silke Grubenbach steht mit gesenktem Kopf neben Gomera und beobachtet sie. Ganz erstaunt fragt sie: „Geht's schon los?" Als Gomera eine interessante Stelle findet, fängt sie an, mit den Hufen im Sand zu kratzen und mit den Vorderbeinen einzuknicken. Für einen Moment sieht es so aus, als wolle sie sich hinlegen.

Silke Grubenbach beginnt, in ruhigem Ton mit Gomera zu sprechen. Gemeinsam gehen sie in Richtung des Vierecks los. Silke Grubenbach geht seitlich neben Gomera, auf Höhe ihrer Schulter bzw. ihres Bauches. Gomera hält den Großteil der ersten Wegstrecke den Kopf gesenkt. Zwischendurch kratzt sie sich mit ihren Zähnen ein paar Mal ordentlich das Fell. So gehen sie am ersten und auch gleich am zweiten Pfeiler außen vorbei. Silke Grubenbach nimmt den Strick kürzer, als sie merkt, dass sie den zweiten Pfeiler nicht umrunden kann. Dies scheint Gomera nur kurz zu irritieren. Am anderen Ende der Halle ist Heu eingelagert, auf das sie sich sehr zielstrebig zubewegt. Silke Grubenbach und Gomera verschwinden für einen Moment im Heu.

Silke Grubenbach blickt sich zu uns um, spricht auch in ruhigem, sanften Ton mit Gomera, unternimmt darüber hinaus aber keine sichtbaren Störmanöver. Nach einer Weile im Heu dreht sich Silke Grubenbach in Richtung Viereck, zieht am Strick und lässt Gomera um sich herumtreten. Mit Blick auf das Viereck bewegen sie sich aus dem Heu heraus. Silke Grubenbach hat den Strick jetzt kürzer gefasst und geht weiter vorne am Kopf von Gomera. Es folgt ein Kreis um den dritten Pfeiler und die Wegstrecke zurück zum Ausgangspunkt. Der Rückweg wird nur ab und an durch das Stehenbleiben von Gomera und ihr Kratzen am Bauch unterbrochen.

Silke Grubenbach ist froh, als sie Gomera wieder übergeben konnte. Die Aufgabe hatte sich so einfach angehört. Dass dann alles so schwierig wurde und viel länger gedauert hat, hatte sie nicht erwartet. Doch, was hatte sie erwartet?

Meine Gedanken

– Warum hat sich Gomera so verhalten?
– Wie würde meine Rückmeldung an Silke Grubenbach aussehen?

Reflexion

Auf die Frage, wer bei dieser Aufgabe Führender und wer Geführter war, antwortete Silke Grubenbach, dass über weite Strecken Gomera geführt hat. Silke Grubenbach reflektiert, dass sie sich gerade in den ersten Minuten der Aufgabe ihrer Führungsrolle nicht bewusst war. Ihr „Nichtergreifen der Führung" führte dazu, dass Gomera das Kommando übernahm, sich eine kleine Zwischenmahlzeit gönnte, sich ausgiebig der Fellpflege widmete und zu großen Teilen den Weg und die Geschwindigkeit vorgab. Silke Grubenbach war über weite Strecken Gomeras Führung ausgeliefert.

Darüber hinaus erkennt Silke Grubenbach, dass sie ihrem aufkommenden Führungswillen in der zweiten Hälfte der Übung für Gomera nur schwer wahrnehmbar Ausdruck verliehen hat. Ihr Missfallen der Situation und das „Jetzt geht es hier lang" schienen für Gomera nur wenig spürbar. Ihre Stimme, Tonlage und Körperhaltung blieben während der ganzen Übung nahezu unverändert. Woran hätte Gomera erkennen sollen, dass jetzt „Schluss mit lustig" ist?

Silke Grubenbach wird deutlich, dass sie kein Bild von der Aufgabe und von ihrer eigenen Führungsarbeit im Kopf hatte, als sie Gomera übernahm. Sie hatte für sich noch nicht entschieden, in welcher Position sie Gomera führen will. Wollte Sie vor Gomera gehen? Oder neben ihr? Auch konnte Silke Grubenbach nicht sagen, welche Erwartungen sie an Gomera hatte.

Silke Grubenbach erkennt, dass sie sich keine Gedanken darüber gemacht hatte, wie die Aufgabe ablaufen sollte, welche Teile der Wegstrecke einfacher und welche schwerer sein würden, welche Ablenkungen es für sie aber auch für Gomera auf dem Weg geben und wie sie diesen begegnen könnte.

Übertragen auf ihren beruflichen Alltag wird für Silke Grubenbach deutlich, dass es kein „Nichtentscheiden" gibt. Auch hinter dem „Abwarten", dem „Zuschauen" steckt eine Entscheidung, die ihre Interaktionspartner aufgreifen. Silke Grubenbach wird künftig ein größeres Augenmerk auf die Vorbereitung von Aufgaben und Sitzungen legen. Im Kopf durchzugehen, wie es ablaufen soll, welche Erwartungen sie hat und welche Einwände es geben kann, sorgt für Klarheit und Deutlichkeit und macht es auch für ihre Mitarbeiter leichter, sich auf das Wesentliche zu konzentrieren.

Transferfragen

– Wie bereiten Sie sich auf (neue) Aufgaben/Sitzungen vor?
– In welchen Verhaltensweisen äußert sich Ihr Führungswille?
– Woran erkennen Sie, dass Sie Führungswillen haben?

- Woher wissen die Menschen in Ihrer Umgebung, was Ihnen wichtig ist?
- Wie teilen Sie Ihre Erwartungen mit?

Erkenntnisse

- Es gibt kein Nichtentscheiden.
- Wenn ich nicht führe, führt der andere.
- Klarheit im Handeln gibt es nur mit Klarheit im Kopf.
- Antizipieren statt reagieren.

Wie ging es für den Teilnehmer weiter?

Der weitere Transfer bei Silke Grubenbach bestand vor allem darin, den Leistungsprozess in Führungssituationen genauer zu betrachten.

Woran erkenne ich Situationen, in denen ich führen muss? Wann muss ich meinen Führungsanspruch klar herausstellen? Wann kann ich kollegial Führung abgeben.

Dazu wurde Silke Grubenbach gebeten, mal drei typische Arbeitstage zu beschreiben. Einen Tag, an dem sie kurz vor einer Dienstreise oder mehrtägigen Abwesenheit steht. Einen Tag, an dem sie gerade aus ihrem Jahresurlaub zurückkommt, und einen ganz normalen Tag.

Bei der Beschreibung der Situationen fiel Frau Grubenbach bereits auf, dass ihr Anteil der Führungsarbeit im Verhältnis zur Sacharbeit an den Tagen kaum variierte. Und das obwohl alle drei Tage sich deutlich hinsichtlich der Anforderungen an die Führungsarbeit unterschieden. Natürlich ist gerade vor einer mehrtägigen Abwesenheit der Anteil an strukturgebenden Funktionen deutlich am größten. Nach dem Urlaub sind vor allem die Holbereitschaft von Information und die Priorisierung von Aufgaben sowie die planerische Kompetenz am wichtigsten. Und an „normalen" Arbeitstagen geht es darum den

71

Mitarbeitern den Freiraum zu schaffen, damit diese Sacharbeit leisten können.

Alle drei Funktionen erfordern unterschiedliche Führungsarbeit und die Anwendung verschiedener Führungstechniken. Mit dieser Erkenntnis hat Frau Grubenbach für die Tage vor einer Abwesenheit und den ersten Tag NACH einer mehrtägigen Abwesenheit klare Regeln für ihre direkt unterstellten Mitarbeiter zusammengestellt. Diese betreffen unter anderem die fest einzuplanenden und verbindlichen Zeitfenster zur Abschlussinformation durch die Abteilungsleiterin bei anstehender, mehrtägiger Abwesenheit. Dazu setzt Frau Grubenbach so genannte Infusionsmeetings ein. D.h. Sie gibt in 5-7 Minuten reine Sachstandsinformationen und Schwerpunktsetzung. Anschließend haben die Mitarbeiter 5 Minuten Zeit, mögliche Fragen zu den eben gehörten Infos für sich zu generieren. Diese werden bezüglich Dringlichkeit und Wichtigkeit in eine Matrix eingeordnet. Dann werden nur die beantwortet, die dringend und wichtig sind. Die Amtsleiterin strukturiert das Meeting und beendet es nach exakt 30 Minuten.

Ich habe es doch mit starken Erwachsenen zu tun, oder?

Der Teilnehmer und sein Alltagsproblem

Doris Weihmann ist Ausbilderin mit langjähriger Berufserfahrung. Sie ist bei den Schülern beliebt und kommt auch mit den als „schwierig" geltenden Schülern gut aus. Allerdings macht ihr der Umgang mit ihren Ausbilderkollegen immer wieder zu schaffen. Sie empfindet sie als starr, verhaftet in alten Lehrmethoden, nur dem Bisherigen zugewandt. Impulse, andere Sichtweisen, die Doris Weihmann ins Kollegium einbringt, werden oft ignoriert, selten diskutiert und noch seltener von ihren Kollegen aufgegriffen und ausprobiert.

Diese Ignoranz und Starrheit macht Doris Weihmann wütend. Es frustriert sie zu sehen, dass auf ihre Vorschläge kaum eingegangen wird. Dabei weiß Sie, dass es anders besser, einfacher geht. Sie kann es zeigen, argumentieren, ihre eigenen Erfahrungen zu Grunde legen. Und trotzdem nehmen es ihre Kollegen nicht auf.

Frage: Wie bekomme ich meine Kollegen dazu, meinen Vorschläge und Ideen offener gegenüberzustehen und diese mehr zu würdigen?

Die Situation

Doris Weihmann hatte in der Übung „Führung erzeugen und erleben" gezeigt, wie selbstverständlich es für sie ist, ein freiwilliges Folgen bei Gomera zu erreichen. Souverän und ohne Zögern vor Gomera hergehend, übernahm sie konsequent die Führung. Den Strick als Verbindung zu Gomeras Kopf ließ Doris Weihmann sehr lang. Sie ging zügig und machte es Gomera so einfach, sich ihrem Tempo anzupassen. Doris Weihmann war sich sicher, dass Gomera folgt.

In der anschließenden Übung hatte Doris Weihmann die Aufgabe, gemeinsam mit Gomera und der Teilnehmerin Juliane Klug einen kleinen Slalomparcours zu durchlaufen. Doris Weihmann führte Gomera, Juliane Klug ging hinter Doris Weihmann und neben Gomera auf Höhe von Gomeras Schulter. Mit einer Hand durfte sich Juliane Klug in Gomeras Mähne festhalten. Juliane Klug hatte die Anweisung, die Augen während der Übung geschlossen zu halten.

Nachdem die Aufgabe erklärt und sich die beiden Frauen an Gomera positioniert hatten, übernahm Doris Weihmann den Strick, blickte sich einen kurzen Moment zu Gomera um und ging los. Frau Juliane Klug hörte man ein „Uuuppps…" rufen, als sie sich ruckartig als Letzte des Trios in Gang setzte.

Doris Weihmann durchquerte den kleinen Slalomparcours, ohne zu zögern. Sie ging vor Gomera, ihren eigenen Blick hatte sie stets nach vorne gerichtet. Ab und an flüsterte sie Gomera ein paar Worte ins Ohr. Der Strick war wieder lang. Gomera folgte. Da die

73

Eimer des Slalomparcours eng gesetzt waren und Doris Weihmann ein zügiges Tempo drauf hatte, musste sie große, weite Bögen gehen.

Doris Weihmann schien sehr mit sich und ihrer Arbeit zufrieden zu sein, als sie den letzten Bogen durchschritt und zum Ausgangspunkt zurückkam. Erst als sie Juliane Klug hinter ihr die Worte sagen hörte: „War das vielleicht ein beschissenes Gefühl!", durchzuckte es Doris Weihmann wie ein Blitz.

Was war passiert?

Meine Gedanken

- Warum könnte Juliane Klug diese Worte gesagt haben?
- Was würde ich an Frau Klugs Stelle Frau Weihmann rückmelden?

Reflexion

Doris Weihmann wird schlagartig bewusst, dass sie sich während der gesamten Übung ausschließlich auf Gomera konzentriert hat. Sie hat Gomera geführt, ihr nonverbal und verbal immer wieder zu verstehen gegeben, wo es langgeht und wer das Kommando hat. Dass ihr Team kein Duo, sondern ein Trio war, war ihr zwar rational klar gewesen, konnte sie aber nicht davor bewahren, sich während der Aufgabe nur Gomera, dem gefühlten kommunikativ anspruchsvolleren Teammitglied zuzuwenden.

Doris Weihmann erkennt, dass ihr die Verantwortung für Juliane Klug nicht bewusst gewesen war. Sie ging davon aus, dass Juliane Klug als erwachsener Mensch schon sagen würde, wenn es ihr nicht gut geht oder wenn sie etwas braucht.

Juliane Klug musste sich nach der Übung erstmal setzen. Auf die Frage, wem sie in der Übung vertraute, antwortete Juliane Klug, dass sie einzig Gomera vertraut hat. Und dass auch dies schwer für sie war, da sie immer wieder Angst hatte, doch irgendwie unter Gomeras Vorderhufe zu geraten. Von Doris Weihmanns Führung hat sie nichts gemerkt. Sie hat Doris Weihmann zwar in den Übungen davor sicher mit Gomera umgehen sehen. Das allein hat aber nicht ausgereicht, sich in dieser gemeinsamen Aufgabe mit ihr sicher und gut aufgehoben zu fühlen.

Beiden wird deutlich, dass zwischen ihnen keine Kommunikation stattgefunden hat. Doris Weihmann erkennt, dass sie sich vor und während der gesamten Übung nicht einmal zu Juliane Klug umgeschaut hat und sich auch nicht nach ihren Bedürfnissen erkundigt hat. Doris Weihmann hatte Juliane Klug in den vorangegangen Übungen als starke, selbstbewusste Frau erlebt. Der Gedanke, dass auch ein starker, selbstbewusster Mensch in solch einer Situation Führung, Halt und Hilfestellung benötigen könnte, ist ihr nicht in den Sinn gekommen.

Doris Weihmann erkennt, dass sie agiert hat, wie es für sie und Gomera das Beste ist. Wieder hat sie Gomera sehr gut geführt, dabei jedoch das dritte Teammitglied und seine Bedürfnisse völlig außer Acht gelassen. Nach dem Motto „Du hast doch einen Mund zum Reden!" hat sie die Verantwortung für Juliane Klugs Wohlergehen bei dieser gesehen.

Und Doris Weihmann wird bewusst, dass ihre Sicht auf die Dinge, ihr Vertrautsein mit dem Pferd nicht automatisch die Perspektive ist, die auch andere Menschen haben. Was ihr spielerisch, mit Leichtigkeit gelingt, kann für andere herausfordernd und sogar angsteinflößend sein. Und dass ihre Mitmenschen ihre Gefühle nicht zwangsläufig kommunizieren. Den Menschen dort abzuholen, wo er steht, sich in die Lage des Anderen hineinzuversetzen und Kommunikation ganz selbstverständlich anzubieten, sind für

Doris Weihmann wichtige Erkenntnisse mit Blick auf ihre Kollegen.

Transferfragen

- Wie finden Sie heraus, wie es Ihren Mitmenschen geht?
- Wie gut kennen Sie die Bedürfnisse und Ängste Ihrer Mitmenschen?
- Wie finden Sie heraus, wie die Perspektive Ihrer Mitmenschen ist?
- Wie stimmen Sie sich über die Art und Weise der Kommunikation in Projekten ab? Sind Bringschulden und Holpflichten definiert?

Erkenntnisse

- Andere Situation – anderes Führungsverhalten
- Alle Teammitglieder in die Kommunikation einbeziehen.
- Jeder hat seine Welt. Und jede Welt ist verschieden.

Wie ging es für den Teilnehmer weiter?

Doris Weihmann ist voll auf ihre Aufgabe konzentriert. Sie gilt als eine zuverlässige Kollegin mit „Macherqualitäten". Dass dabei im Arbeitsalltag auch mal Kollateralschäden auftreten, war ihr bekannt und hatte sie für sich akzeptiert. Aber sie meint es nie böse, wenn sie etwas über das Ziel hinausschießt.

Für Frau Weihmann war die erste Aufgabe im Transfer, anhand eines sehr herausfordernden Projektes mal drei ganz unterschiedliche Positionen einzunehmen.

1. Sie sollte sich vorstellen, wie es wäre, wenn sie ihre eigene Mitarbeiterin wäre, die wichtig im Projekt ist, aber leider nur zwei Tage die Woche, für jeweils 4 Stunden, im Büro ist.

2. Sie sollte sich vorstellen, wie es wäre, wenn sie eine Mitarbeiterin mit eingeschränkten Deutschkenntnissen wäre.
3. Sie sollte sich vorstellen, wie es wäre, wenn sie die Person wäre, die sich als schlechteste Mitarbeiterin im Team sieht.

Anschließend sollte sie aus der Position dieser drei Personen mal berichten, was sich diese drei Personen wünschen würden, um sich als Mitarbeiterin in diesem Projekt wohl zu fühlen. Die drei „fiktiven Personen" hatten dann die Aufgabe, verhaltensnahe Wünsche an Frau Weihmann zu formulieren. Was sollte Frau Weihmann als Projektleiterin beibehalten, was sollte sie ändern.

Anschließend nahm Frau Weihmann wieder die eigene Position ein. Sie sollte nun die vorhandenen Projektressourcen (Zeitplan usw. Meilensteinplan) hinsichtlich der Wunscherfüllung der drei Personen überprüfen. Wie würde der Plan dann aussehen? Was wäre gleich, was wäre anders? Welche Vorteile/Nachteile würden sich ergeben, wenn die Wünsche umgesetzt werden.

Außerdem sollte sie als Hausaufgabe mal darüber nachdenken, wer von ihr enttäuscht wäre, wenn der Projektplan anders aussehen würde, und wer begeistert wäre?

Nach ein paar Tagen kam Frau Weihmann mit einem Whiteboard und unterschiedlich farbigen Post-it-Zettelblöcken zum Coaching. Sie hatte die Aufgabe etwas abgewandelt. Die drei Personen waren die drei Affen, von denen einer nichts sah, einer nichts hörte und einer nichts sagen konnte. Und bevor Sie nun komplexe Aufgaben angeht, stellt sie sich vor, sie müsste alle drei mitnehmen und zufrieden durchs Projekt begleiten. Die drei Perspektiven werden auf Zettel an das Board geklebt und sie schreibt darunter, was sie mit jedem Einzelnen tun muss. Alle drei brauchen unterschiedliche Informationen, unterschiedlich aufbereitet, und können nur sehr unterschiedliche Rückmeldungen zum eigenen Mitwirkungsstand geben.

Fortsetzung: „Ich wollte nur mal zeigen, was für ein beschissenes Gefühl das ist!"

Die Situation

Nachdem Juliane Klug die oben beschriebene Erfahrung gemacht hatte, war sie selber als Führende mit der Aufgabe an der Reihe. Juliane Klug hatte die gleiche Aufgabenstellung: Gemeinsam mit Gomera und der Teilnehmerin Claudia Winkelstein die kleine Slalomstrecke zwischen den Eimern zurücklegen. Die an Gomera mitgehende Claudia Winkelstein hatte ebenfalls die Instruktion erhalten, sich mit einer Hand an Gomeras Mähne festzuhalten und die Augen während des Slaloms geschlossen zu halten.

Juliane Klug übernahm nach Beschreibung der Aufgabe Gomera. Claudia Winkelstein hatte sich an Gomera positioniert. Juliane Klug führte das Trio an. Ohne Worte setzten sich die drei in Bewegung. Juliane Klug ging langsamer als vorher, Doris Weihmann mit ihr, sagte vor jedem Bogen an, ob es links oder rechtsrum geht. Am Ende kamen alle unversehrt am Ausgangspunkt an. So schien es jedenfalls.

Meine Gedanken

– Welches Ziel hatte Juliane Klug bei dieser Übung?

Reflexion

Claudia Winkelstein ließ sich auf die Bank sinken. Nach Freude sah sie nicht aus. Auf die Frage, wie es gewesen war, antwortete sie, dass sie während der Aufgabe mit ihrer Orientierung zu kämpfen hatte. Die Ansage der Richtungswechsel hatte ihr nicht viel geholfen. Sie fühlte sich beim Gehen sehr unsicher, wollte Juliane Klug zum einen nicht in die Hacken treten, ihrerseits aber auch nicht den Anschluss verlieren und im schlimmsten Fall abreißen lassen müssen. Sie war froh, dass es vorbei war.

Auf die Frage, welches Ziel sie, Juliane Klug, bei der Übung hatte, sagte sie: „Ich wollte mal zeigen, was für ein beschissenes Gefühl das ist! Ich wollte, dass auch jemand anderes erfährt, wie sich das anfühlt!"

Juliane Klug wurde in diesem Moment schlagartig bewusst, dass sie ihre negativen Erfahrungen an eine Unbeteiligte weitergegeben hat. Die Möglichkeit des „Ich mach es besser" hat sie nicht gesehen. Zwar hat sie Richtungswechsel angesagt und ist insgesamt langsamer gegangen, ein Abstimmen von Kommunikationsregeln hat aber auch diesmal nicht stattgefunden.

Claudia Winkelstein hat als Mitgehende in erster Linie Gomera vertraut. Juliane Klug hat als Führende wiederum den Fokus auf Gomera gehabt und ist wenig auf Claudia Winkelstein eingegangen.

Juliane Klug wird deutlich, dass sie ihre schlechten Führungserfahrungen unreflektiert auf einen Dritten übertragen hat. Ihr wird klar, welchen entscheidenden Einfluss das Verhalten des eigenen Vorgesetzten auf künftiges eigenes Führungsverhalten hat. Und ihr wird bewusst, dass sie es zwar gut mit der Ansage der Richtungswechsel gemeint hat, dass sie aber die Bedürfnisse der Claudia Winkelstein nicht erfüllt hat. Wie konnte sie auch. Sie hat ja schlichtweg nicht gefragt.

Transferfragen

- Wie machen Sie sich bewusst, welches andere Führungsverhalten noch möglich ist?
- Wann und wie legen Sie Ihre Ziele für Führungssituationen fest?
- Wie oft fragen Sie Ihre Mitmenschen nach deren Bedürfnissen?

Erkenntnisse

– Schlechte Führung führt zu schlechter Führung.
– Raten ist Silber, Nachfragen ist Gold.

Wie ging es für den Teilnehmer weiter?

Juliane Klug ist wütend, ist sauer. Sie hat sich bei der Übung eben dermaßen schlecht gefühlt. Sie will es nun allen zeigen, es besser machen. Alles berücksichtigen, was eben besprochen wurde. Doch sie wird zum Opfer der eigenen Emotionen. Die Wut und der Ärger dominieren das Verhalten und trotz der guten Vorsätze muss sie erkennen, dass sie genau diese Wut, diesen Ärger weitergegeben hat. Emotionen sind nur sehr schwer rational steuerbar. Und je stärker der emotionale Bezug zu einer Situation ist, umso weniger gut gelingt es, uns rational zu verhalten.

Für Juliane Klug eine Erkenntnis, die sie auch immer wieder im Arbeitsleben erkennen kann.

Deshalb ging es im Transfer mit Frau Klug vor allem darum, zu erkennen, wie stark das eigene Handeln von Emotionen begleitet ist.

Frau Klug bekommt für die nächsten Tage die Hausaufgabe, sich kritische Situationen in ihrem Arbeitsprozess zu notieren und jeweils dazuzuschreiben, wie lange sie sich selbst Zeit gegeben hat, darauf zu reagieren.

Bereits nach zwei Wochen zeichnete sich ein deutlicher Trend ab. Je kritischer und je emotionaler die jeweilige Situation war, umso schneller erfolgte ihre Reaktion. Das betraf sowohl positive Situationen als auch negative. Anschließend wurde Frau Klug in einer Coachingsitzung gebeten, mal anhand einer Abbildung eines menschlichen Torsos zu beschreiben, wo sie wann merkt, dass sie sich ärgert. Daraus wurde ein Stufenplan mit einzelnen Zeitmarken erstellt. D.h.

wenn Sie wütend ist und erstmal sprachlos ist – dann fünf Minuten mit der Reaktion warten. Wenn Sie schneller atmet, aufgeregt ist, ihr warm am Hals wird, soll sie sieben Minuten mit der Reaktion warten usw. Die höchste Stufe waren der sich zusammenkrampfende Magen und zitternde Knie – dann betrug die Wartezeit bis zur eigenen Reaktion 20-30 Minuten.

Das primäre Ziel dieser Eskalationskaskade war es, bei Frau Klug ein Bewusstsein für die Abhängigkeit von Emotionen und rationalem Handeln zu erzeugen.

6 Monate später war Frau Klug erneut im Coachinggespräch. Sie konnte freudestrahlend von folgender Situation berichten. Sie hatte mit ihrem Abteilungsleiter erheblichen Ärger wegen einer Aufstellung, die seiner Meinung nach fehlerhaft war. Frau Klug war sich aber keines Fehlers und schon gar keiner Schuld bewusst. Als der Abteilungsleiter laut wurde, merkte Frau Klug, wie sie sich immer stärker ärgerte. Am Ende der Diskussion hatte sie schwitzige Hände und einen trockenen Mund. Da wusste sie – jetzt die Aufstellung nochmal zu schreiben, bringt nichts, außer noch mehr Fehler. Sie überlegte sich genau, wie lange sie sich selbst Zeit geben wollte, um mit der Aufgabe weiterzumachen. Sie entschied – 12 Minuten im Innenhof des Bürokomplexes zu pausieren. Nach exakt 12 Minuten, in denen sie sich erlaubt hatte, sich mit der eigenen Emotionalität zu beschäftigen, ging sie zurück, änderte die Aufstellung nach den Vorstellungen des Abteilungsleiters und widmete sich danach anderen Aufgaben.

„Für mich waren das nur Eimer!"

Der Teilnehmer und sein Alltagsproblem

Sybille Neumann ist Geschäftsführerin eines Dienstleistungsunternehmens. Seit mehreren Jahren steht sie an der Spitze des Unternehmens, welches sie auch mit aus der Wiege gehoben hat. Die Geschäfte laufen gut. Seit der Trennung von ihrem Geschäftspartner vor einem Jahr stellt sich Sybille Neumann immer wieder zwei Fragen: „Wie konnte es soweit kommen? Warum haben wir uns nicht mehr verstanden und dann nicht mehr vertraut?". Gerne würde Sybille Neumann die Geschäftsführung wieder auf zwei Schultern verteilen. Aber woher den richtigen Partner nehmen? Und vor allen Dingen: Wie kann sie sicherstellen, dass aus ihrer Partnerschaft eine vertrauensvolle und gewinnbringende Zusammenarbeit erwächst?

Frage: Wie muss die Kommunikation aussehen, um eine langfristige und vertrauensvolle Geschäftspartnerschaft zu gestalten?

Die Situation

Die Aufgabe für Sybille Neumann sah wie folgt aus: Gemeinsam mit dem Teilnehmer Sebastian Rhode sollte sie Gomera durch einen Slalomparcours dirigieren. Sebastian Rhode ging dabei links neben Gomera, Sybille Neumann rechts von ihr. Sowohl Sebastian Rhode als auch Sybille Neumann waren durch einen Strick mit Gomeras Kopf verbunden, so dass beide durch Ziehen und Nachgeben Gomeras Wegstrecke bestimmen konnten. Vor ihnen waren in einer Reihe die Eimer aufgebaut. Auf den Eimern saßen Teilnehmer. Sybille Neumann und Sebastian Rhode hatten die Aufgabe, Gomera im Slalom durch den Parcours mit den Eimern gehen zu lassen, wobei Sybille Neumann und Sebastian Rhode jeweils auf ihrer Seite vom Pferd und den Eimern bleiben sollten (…nur Gomera kreuzt die Eimer, die Teilnehmer gehen neben den Eimern vorbei….).

Nachdem die Aufgabe erklärt und sich alle Teilnehmer postiert hatten, setzte sich das Dreiergespann Neumann – Gomera – Rhode zügig in Bewegung. Nach den ersten Metern fragte Sebastian Rhode, wie sie Gomera um den ersten Eimer herumgehen lassen wollten, ob Gomera links oder rechts vorbeigehen sollte. Sybille Neumann antwortete, sie sollten erstmal machen. Bei den Eimern angekommen entschied dann Sybille Neumann, dass Sebastian

Rhode den Strick länger lassen sollte, damit Gomera auf ihrer Seite der Eimer am ersten Eimer vorbeigehen konnte. So absolvierten sie die ersten Eimer, als Sebastian Rhode den Vorschlag machte, die auf den Eimern sitzenden Teilnehmern, die mit dem Rücken zum Dreiergespann saßen, über den Gang der Ereignisse zu informieren. Sybille Neumann antwortete, dass sie das nicht brauchten, weil das nicht zur Verbesserung der Aufgabenerfüllung beitrage. So beendeten beide schweigend den Parcours. Dumm nur, dass danach keiner der passiv beteiligten Teilnehmer erneut auf den Eimern Platz nehmen wollte.

Meine Gedanken

– Was hätten Sie sich als Teilnehmer auf dem Eimer gewünscht?
– Wie würden Sie den Führungsstil von Sybille Neumann beschreiben?

Reflexion

Auf die Frage, ob die Führenden die Aufgabe in ihren Augen erfolgreich absolviert haben, antwortete Sybille Neumann mit einem klaren ja. Der Parcours wurde, wie erläutert, abgegangen und alle Teilnehmer, sowie das Pferd, sind heil geblieben. Als danach Sebastian Rhode als auch die passiv beteiligten Teilnehmer angaben, mit dem Prozess der Leistungserbringung nicht glücklich gewesen zu sein und für einen weiteren Versuch auch nur unter strengen „Auflagen" noch einmal zur Verfügung zu stehen, wurde Sybille Neumann nachdenklich.

Ihr wurde bewusst, dass sie ohne Verständigung auf ein gemeinsames Vorgehen beim Führen losgegangen waren und dass sie die Fragen ihres Partners nach Abstimmung einfach abgewiesen hatte. Sie hatte ihrem Partner, seinen Ideen und Bedürfnissen keinen

Raum gelassen und agiert, wie es ihrer Meinung nach richtig war, wie sie es kannte und womit sie die letzten Jahre beruflich sehr erfolgreich gewesen war. Nach dem Motto: „Wo ich bin, ist vorn! Alle mir nach!" hatte sie nach bester Feldherrenart das Kommando übernommen und auch bis zum Schluss nicht mehr abgegeben.

Sybille Neumann wird durch die Rückmeldungen der anderen Teilnehmer deutlich, dass sie sich sehr auf Gomera und das Ergebnis fokussiert hat. Ihr selber ist eine Einbindung der anderen Teilnehmer zu keinen Zeitpunkt in den Sinn gekommen. „Für mich waren das nur Eimer!", war dann auch ihre Aussage nach Beendigung der Übung.

Dass sie durch fehlendes Informieren und Kommunizieren, durch den nicht stattgefundenen offenen Austausch über Perspektiven, Sichtweisen und Bedürfnisse die Mitwirkung aller anderen Beteiligten auf Reaktionsniveau reduziert hat, wird ihr nach und nach immer klarer.

Sybille Neumann erkennt, dass ihr Führungsverhalten hohes Demotivationspotenzial für ihre Interaktionspartner aufweist: Sie trifft einsame Entscheidungen. Sie kann und weiß mehr als ihre Mitstreiter. Sie übersieht ihre Mitstreiter, behandelt sie wie Luft und gibt unzureichende bis keine Informationen weiter.

Sybille Neumann wird klar, dass sehr wahrscheinlich ihr eigenes Verhalten den „Ausstieg" ihres ehemaligen Geschäftspartners heraufbeschworen hat. Und auch mit Blick auf künftige Geschäftsführer wird ihr deutlich, dass ein Arbeiten mit ihr auf Augenhöhe nur schwer zu erreichen ist. Oder anders herum ausgedrückt: Kein erfahrener, fähiger Geschäftspartner wird sich über einen längeren Zeitraum auf ihr „Kommandier-Verhalten" einlassen.

Den Blick für den Anderen zu öffnen, nicht nur das angestrebte Ergebnis, sondern auch den Prozess der Leistungserbringung im Auge zu haben, Pausen für einen Ziel/Ist-Abgleich einzubauen und vor allen Dingen, Vertrauen in die Mitmenschen zu riskieren, sind die wesentlichen Handlungsfelder, mit denen sich Sybille Neumann zur Steigerung ihrer Führungskompetenz gezielt auseinandersetzen wird.

Transferfragen

— Wie erzeugen Sie bei Ihren Mitmenschen das Gefühl, dass diese sich mitgenommen, wahrgenommen fühlen?
— Wie stellen Sie die Einbindung aller Beteiligten in den Leistungsprozess sicher?
— An welchen Ihrer Verhaltensweisen erkennen Sie, ob Sie Ihren Mitmenschen vertrauen?

Erkenntnisse

— Erst wahrnehmen, dann loslegen.
— 3R: Vertrauen riskieren, Andere respektieren, Umsetzung realisieren

Wie ging es für den Teilnehmer weiter?

Sybille Neumann ist sachorientiert. Ihr Aufgabenbereich lässt sich klar strukturieren. Die erfolgreiche Bearbeitung einer Aufgabe zeigt sich an den messbaren Ergebnissen. Das Ziel ist das Ergebnis und nicht der Weg dorthin.

Die Aufgabe im Transfer bestand darin, zu überprüfen, ob es für die Ergebnisse in ihrem Arbeitsalltag nutzenstiftender ist, wenn die Ergebnisse auf der Mitwirkung aller Beteiligten beruhen. Außerdem ging es darum zu klären, wie diese Mitwirkung erzielt werden kann.

Da Frau Neumann sehr kennzahlenorientiert ist, bestand ihre erste Aufgabe darin, für die 3 bedeutendsten Kunden einmal zusammenzustellen, woran diese den Nutzen von Frau Neumanns Dienstleistung bewerten. Das waren neben der eigentlichen Qualität der Leistung vor allem die gute Erreichbarkeit sowie eine gute, proaktive Information der Kunden bei sich abzeichnenden Marktveränderungen.

Dann wurde der Beitrag ihrer 2 Mitarbeiter zu diesen Faktoren dazugeschrieben. Was leistet der Einzelne, um diese Faktoren möglichst hoch zu halten. Dabei wurde der Beitrag jeweils prozentual in zwei Kategorien eingeteilt. Eine Kategorie war der Sachbeitrag und die zweite Kategorie war der überfachliche, eher persönliche Beitrag. So entstand zum Beispiel für die Kategorie der Erreichbarkeit, dass dieses Merkmal zu 75% auf die hohe persönliche Bereitschaft der Mitarbeiter und Frau Neumanns zurückgeführt werden kann, auch am Wochenende und nach Feierabend, bei Notfällen noch am Diensthandy, erreichbar zu sein. Daraus entstand eine Matrix, bei der für die Topkunden diese Merkmale den fachlichen und überfachlichen Fähigkeiten zugeordnet waren.

In einem zweiten Schritt hatte Frau Neumann die Aufgabe, sich zu überlegen, wie sich die Zufriedenheit der Kunden verändert, wenn sich die Verteilung der fachlichen und überfachlichen Anteile ändert.

Dabei wurde schnell deutlich, dass die maßgeblichen Veränderungen in der Kundenzufriedenheit ganz wesentlich von den überfachlichen Kriterien abhängen. Seitdem wird für jeden Kunden am Anfang diese Matrix erstellt. Welche fachlichen Inhalte sind dem Kunden wichtig? Welche überfachlichen Inhalte sind wichtig? Diese Matrix spricht Frau Neumann dann mit dem Mitarbeiter durch, der zukünftig für diesen Kunden verantwortlich ist. Daraus leitet sie ab, welche informellen Kommunikationsflüsse ihre Mitarbeiter brauchen, wie viel Rückmeldung nötig ist und in welcher Art und Weise diese erfolgen soll.

„Ich konnte nichts sagen, ich hatte die Augen geschlossen"

Der Teilnehmer und sein Alltagsproblem

Die Teamassistentin Silvana Ohlmer fragt sich, wie sie ihre Art des „kleinen Führens" noch erfolgreicher einsetzen kann. Silvana Ohlmer ist die gute Fee im Büro. Sie hält ihrem Chef und den Kollegen den Rücken frei, ist bestens vertraut mit den internen Abläufen und immer daran interessiert, dass „Frieden" herrscht. Ihre stets gute Laune und ihr Lächeln sorgen für eine entspannte Atmosphäre im Büro.

Allerdings regt sie auf, dass viele Prozesse umständlich laufen, dass sie viel Zeit mit „Knicken, Lochen, Abheften" verbringt und selten nach ihrer Meinung gefragt wird, obwohl sie die Abläufe am besten kennt und insgesamt schon am längsten von allen dort arbeitet. Immer wieder passieren kleine Fehler, die in ihren Augen nicht passieren würden, wenn man sie im Vorfeld einbeziehen und um ihre Meinung bitten würde. Aber nein! In Diskussionen wird sie regelmäßig abgewürgt und übertönt. Ihr um Jahre jüngerer Chef und die studierten Kollegen wissen es scheinbar oft besser. Nicht zu ändern, oder?

Frage: Wie bekomme ich mein Arbeitsumfeld dazu, mich stärker einzubeziehen und zu fordern?

Die Situation

Silvana Ohlmer hat die Aufgabe, als Geführte in der Übung „blindes Vertrauen" auf Höhe von Gomeras Schulter mitzugehen. Sie kann sich dazu mit einer Hand in Gomeras Mähne festhalten. Ihre Augen hat sie während der Übung geschlossen. Führender in dieser Übung ist Robert Müller, ein junger Agenturleiter eines anderen Unternehmens. Zu dritt sollen sie einen kleinen Slalomparcours bewältigen.

Robert Müller übernimmt das Kommando in diesem Gespann, indem er den Strick in die Hand nimmt, sich kurz zu Silvana Ohlmer umschaut und losgeht, als er sich davon überzeugt hat, dass sich Silvana Ohlmer postiert und die Augen geschlossen hat.

Im Verlauf des Slalomparcours rutscht Silvana Ohlmer immer weiter nach hinten. Auf der halben Strecke ist sie nicht mehr auf Schulterhöhe, sondern nur noch auf Bauchhöhe von Gomera. Nach dreiviertel der Übung liegt ihre Hand, mit der sie Verbindung zu Gomera hält, auf deren Hintern. Da Silvana Ohlmer am Ende des Gespannes „hängt", muss sie weite Wege laufen und kann Richtungsänderungen erst spät erspüren. Den freien Arm hält sie ausgestreckt auf Schulterhöhe von sich.

Wenige Meter später ist die Übung zu Ende. Silvana Ohlmer öffnet die Augen und sagt, dass Gomera ein wunderbar weiches Fell hat und eine ganz „Liebe" ist. Robert Müller sieht eine lächelnde Silvana Ohlmer und freut sich, dass alles so gut gelaufen ist.

Meine Gedanken

– Welche Note würden Sie sich an Stelle von Robert Müller für seine Leistung geben (1 sehr gut, 5 schlecht)?
– Was denken Sie, wie sicher hat sich Silvana Ohlmer gefühlt?

Reflexion

Robert Müller erklärt, dass er die gesamte Zeit über die Verantwortung für beide Teampartner gespürt und wahrgenommen hat. So ist er z.B. extra etwas langsamer gegangen, um es Silvana Ohlmer so einfach wie möglich zu machen.

Silvana Ohlmer formuliert auf die Nachfrage, wie sie sich dabei gefühlt hat, so: „Es war ein schönes Erlebnis. Bei Gomera habe ich mich sehr sicher gefühlt." Als von den Beobachtern die Rückmeldung kam, dass sie keine Kommunikation zwischen Silvana Ohlmer und Robert Müller erkennen konnten, dass sie gesehen haben, dass es Silvana Ohlmer auf Grund ihrer geringen Körpergröße schwer viel, mit der Hand überhaupt Gomeras Rücken zu erreichen und dass ihr linker Arm weit ausgestreckt wie ein Balancestab in der Luft umherruderte, kam von Silvana Ohlmer die Aussage, dass sie auch ein wenig Angst gehabt hat.

Auf die Frage von Robert Müller, warum sie denn nichts gesagt hat, antwortet sie: „Ich konnte nichts sagen, ich hatte doch die Augen geschlossen".

In diesem Moment wird Silvana Ohlmer bewusst, dass sie ihren eigenen Bedürfnissen keinen Ausdruck verleiht. Ihr wird deutlich, wie schwer es für ihre Umwelt sein muss, auf Grund ihres immer lächelnden Gesichtsausdruckes und ihres „Nicht-Sagens", zu erkennen, was in ihr vorgeht, was sie sich wünscht und wann sie Angst hat. Weder ein Überfordern noch ein Unterfordern wird sichtbar. Silvana Ohlmer hat sich einfach in die Situation hinein begeben. Sie hat sich einer ihr fremden Person anvertraut, mit ihr eine ihr unbekannte Aufgabe absolviert und dabei am Hinterteil eines Pferdes gehangen. Und: sie hat dabei nichts gesagt.

Silvana Ohlmer wird klar, dass auch die Tatsache, dass sie zu vielen Themen nur eingeschränkte Informationen hat, sie immer wieder davon abhält, ihre Gedanken zu äußern. Sei es, wie eben am Pferd oder in ihrem beruflichen Alltag in Teammeetings. Lieber schweigt sie, als etwas Dummes zu sagen oder einem ihrer Kollegen weh zu tun. Die Angst vor Konflikten und die Angst, von den anderen als kindisch, ängstlich oder dumm wahrgenommen zu werden, hemmt Silvana Ohlmer, insbesondere ihre Gefühle zu zeigen.

Als Alternative zu ihrem Verhalten reflektiert Silvana Ohlmer, dass sie mit Fragen die Möglichkeit hat, auf das Verhalten ihrer Mitmenschen Einfluss zu nehmen. Die Frage nach der Kommunikation hätte vor dem Start der Übung dazu beitragen können, eine für beide Seiten befriedigende Absprache von Kommunikationsregeln zu treffen.

Darüber hinaus erkennt Silvana Ohlmer, dass es ihre Verantwortung ist, für sich zu sorgen, sich um ihre Bedürfnisse zu kümmern. Denn: Wenn sie sich und ihre Bedürfnisse nicht ernst nimmt, warum sollen es dann die anderen tun?

Transferfragen

– Wie drücken Sie Unsicherheit und Angst aus?
– Wie oft sagen Sie „Nein", „Stopp", „Aufhören"?
– In welchen Situationen sagen Sie nicht das, was Sie wollen?
– Was wäre das schlimmste, wenn Sie es doch täten?
– Was könnte im besten Fall passieren?
– Wie konkret fragen Sie Ihre Mitmenschen nach Ihren Gefühlen und Bedürfnissen?

Erkenntnisse

– Kenne und respektiere dich.
– Kümmere dich um deine Bedürfnisse.

Exkurs: Das Schweigen der Geführten

Silvana Ohlmer hat als Geführte in der Übung „blindes Vertrauen" mit ihrem „Nichts-Sagen" ein typisches Verhalten gezeigt. Keiner der Teilnehmer, die in dieser Übung Geführte waren, hat dem Führenden während der Übung eine Frage gestellt oder um einen Stopp gebeten. Und das, obwohl über 80% der Geführten nach der Übung angaben, dass ihnen ihre Situation Unbehagen bereitet hatte, dass Sie nicht mehr wussten, wo sie waren und vor Aufregung schweißnasse Hände bekommen hatten.

Als Ausweg aus ihrer Situation haben einige Geführte regelwidrig die Augen geöffnet oder einfach losgelassen. Diese Teilnehmer haben mit sich ausgemacht, wie sie aus dieser, für sie unangenehmen Situation aussteigen können. Keiner dieser Teilnehmer hat den Führenden in ihre missliche Lage einbezogen. Still und heimlich sind sie von Bord gegangen.

Auch die Reihenfolge der Rollen, ob der Teilnehmer erst Führender und dann Geführter oder umgekehrt war, hatte keinen Einfluss auf das Schweigen der Geführten. D.h., der Teilnehmer, der zuerst als Geführter gelitten hat, hat später als Führender auch keine Absprache von Kommunikationsregeln erfragt. Und der Teilnehmer, der zuerst Führender war und nach der Aufgabe mit dem Feedback seines Geführten konfrontiert wurde, hat als Geführter ebenfalls kein Wort gesprochen. Und das, obwohl viele Führende ihren Geführten nach der Übung sagen: „Na hättest Du mal etwas gesagt!"

Die Vorgehensweise der Teilnehmer in dieser Übung zeigt ganz deutlich, wie wenig rational Menschen in unbekannten und unangenehmen Situationen agieren. Trotz des Wissens um die Macht der Worte, um die Bedeutsamkeit der Kommunikation, schaffen es nur wenige, ihren eigenen Gefühlen und Bedürfnissen verbal Ausdruck zu verleihen. Viele halten durch, krampfhaft, verkrampft, mit angehaltenem Atem, hoffend, dass es gleich vorbei ist.

Von außen betrachtet sieht man sehr wohl, wie stark die Geführten mit der Aufgabe kämpfen. Ein Arm, der hochgehoben nach vorne oder zur Seite tastend durch die Luft tanzt, die vielen kleinen Trippelschritte, die ein Treten des Führenden vermeiden sollen (den Geführten ist ganz wichtig, den Chef nicht zu treten und auch nicht zu berühren). Das langsame Zurückrutschen an das Hinterteil des Pferdes, die zusammengepressten Lippen und die gerunzelte Stirn runden das Bild des Geführten ab. Schade, dass sich nur selten einer der Führenden umschaut. Vorne ist die Welt meistens in Ordnung.

Stellen Sie sich mal vor, was das für den Arbeitsalltag bedeutet? Mitarbeiter, die nichts sagen, und Chefs, die nicht fragen und nicht hinsehen. Und das trotz Rollentausch. Es reicht eben nicht, darauf zu hoffen, dass der andere schon etwas tun wird. Gehen Sie besser nicht davon aus, dass Ihr Mitarbeiter schon sagen wird, wenn es ihm nicht gut geht. Kann sein, dass er es irgendwann tut, aber wahrscheinlich hat er dann schon losgelassen. Anders herum ist es in der Verantwortung des Mitarbeiters, zu seinen Bedürfnissen zu stehen und sie zu verbalisieren.

Doch wie gelingt es mir als Führender, etwas über die Bedürfnisse meiner Mitarbeiter zu erfahren?

1. Fragen und zuhören, nicht reden und Ratschläge geben.
2. Offene Fragen verwenden („Wie geht es Ihnen damit?" Nicht: „Können Sie das nicht?")
3. Fragen: „Was ist los?" Nicht: „Haben Sie ein Problem?"
4. Fragen: „Wie kann ich Sie dabei unterstützen?" Nicht: „Kann ich Ihnen helfen?"

Wie ging es für den Teilnehmer weiter?

Frau Ohlmer ist die gute Seele der Abteilung. Jede noch so spät eintreffende, schlecht kommunizierte und/oder unvollständig eintreffende Aufgabe bewältigt sie. Sie gewinnt allen Dingen etwas Positives ab. Dass sie sich abends oft matt fühlt, keine Lust mehr auf private Unternehmungen hat und sich eigentlich nur von Wochenende zu Wochenende rettet, schreibt sie eher der geringen, eigenen Belastbarkeit zu als anderen Faktoren.

Die wesentliche Transferaufgabe bestand darin, die eigenen Bedürfnisse besser wahrzunehmen. Außerdem sollte sie lernen, die ihr zur Verfügung stehenden Mittel zur Wahrung der eigenen Bedürfnisse aktiv auszuschöpfen.

Die dabei zentrale Frage war, welche Bedürfnisse hat Frau Ohlmer? Das größte Bedürfnis von Menschen ist es, sich selbst als kompetent zu erleben. Also war die zentrale Frage: Wann erlebt sich Frau Ohlmer als kompetent? Dafür sollte Frau Ohlmer die letzten 5 größeren Aufgaben, bei denen sie maßgeblich geholfen hat, benennen. Anschließend sollte sie angeben, wie zufrieden sie insgesamt und mit dem eigenen Beitrag bei der Bearbeitung der Aufgabe war.

Dabei wurde schnell klar, dass Frau Ohlmer oft unzufrieden mit dem Ergebnis war, und auch bei der Bewertung der eigenen Leistung hinter ihren Erwartungen zurückblieb.

Sie war z.B. immer wieder enttäuscht, weil sie nicht genug Zeit hatte, die Unterlagen noch mal zu prüfen, bevor diese an den Kunden rausgingen. Die ihr bei der Angebotserstellung zuarbeitenden Kollegen nutzen ihre Freundlichkeit immer maßlos aus, wenn es um die Einhaltung der Abgabefristen ging. Das führte dazu, dass sie sich am Ende selbst die Schuld für das schlechte Ergebnis gab, da sie den Verantwortlichen ja mehr Zeit eingeräumt hatte.

Frau Ohlmer schrieb die 5 letzten großen Aufgaben auf und ordnete diese nach der eigenen Zufriedenheit mit dem Ergebnis. Danach wurde die Aufgabe mit der geringsten Zufriedenheit einmal genauer betrachtet. Wie war der Ablauf? Wer hat wen informiert? Wo liefen die Fäden zusammen? Dabei wurde schnell deutlich, dass die Rollen von Frau Ohlmer bei den Prozessen am Anfang nie richtig geklärt wurden. Sie war zwar das Nadelöhr, bei dem alles zusammenlief, aber sie wusste nicht, ob sie den zuarbeitenden Stellen gegenüber Forderungen aufstellen durfte. Dieses unklare Verhältnis führte dazu, dass sie sich immer bemühte, es allen recht zu machen und es sich mit niemandem zu verscherzen, da sie deren wohlwollende Zuarbeit ja dringend benötigte. Damit erlebte sie sich selbst als weitestgehend hilflos. Um aus diesem Gefühl heraus nicht immerzu betrübt zu sein, versuchte sie sich die Situation schönzureden und allem etwas Positives abzugewinnen.

Frau Ohlmer erstellte sich eine Checkliste mit den dringensten Fragen, die für sie hinsichtlich der internen Kommunikation wichtig waren. Wer darf wem was sagen, wer stellt Fristen auf? Wer kontrolliert und/oder sanktioniert diese Fristen? Frau Ohlmer differenzierte diese Liste in Fragen, die unbedingt am Anfang geklärt werden müssen, und in Fragen, die im Laufe der Aufgabenbearbeitung geklärt werden können.

Seitdem startet die Bearbeitung neuer Aufgaben mit der Bearbeitung dieser Checkliste. Daraus entnimmt Frau Ohlmer die Infos, welche Mittel sie gegenüber anderen Beteiligten zur Verfügung hat. Das gibt ihr die nötigen Spielräume und die nötige Zeit, um die vorhandenen Kompetenzen einzusetzen. Sie erlebt sich, als auch in der Wahl ihrer Mittel, als wirksam. Am Wochenende ist sie skaten, geht ins Kino und freut sich auf Montag.

„Oh Gott, meine Schuhe"

Der Teilnehmer und sein Alltagsproblem

Die junge Maike Richter ist Teamleiterin und fühlt sich nach eigenen Angaben in ihrem Team zu wenig respektiert. Sichtbar wird ihr „fehlendes Standing" für sie darin, dass wertvolle Sitzungszeit verlabert wird, dass sie am Ende zu viele Fachaufgaben auf ihrem Schreibtisch liegen hat und insgesamt zu viele Termine braucht, um Aufgaben zu delegieren. „Ganz ehrlich. Wenn ich es vorher fünfmal mit meiner Mitarbeiterin durchsprechen muss, kann ich es auch gleich selber machen."

Frage: Wie bringe ich meine Mitarbeiter dazu, mich mehr zu beachten?

Die Situation

Maike Richter bekommt eine Aufgabe, die aus vier Teilen besteht. Zuerst soll sie eine Pferdeherde mit vier Pferden um sich herumtreiben, so dass die vier Pferde in einem Kreis um sie herumlaufen. Wenn sie das geschafft hat, sollen die Pferde wieder zum Stehen kommen. Anschließend soll Maike Richter den Pferden Ringe um den Hals legen und sie erneut um sich herumtreiben, dieses Mal allerdings in die andere Richtung. Wenn ihr das gelungen ist, soll sie die Pferde anhalten und ihnen zum Schluss die Ringe wieder abnehmen.

Maike Richter hat für diese Aufgabe keinen Strick und keine Longe zur Verfügung. Auch darf sie die Pferde nicht mit Stock oder Gerte berühren.

Die vier Pferde sind bereits auf dem Reitplatz, als Maike Richter, mit den Ringen in der Hand, den Platz betritt. Der Boden des Reitplatzes ist auf Grund der heftigen Regenfälle des vergangenen Tages mit Pfützen übersät. Maike Richter sieht auf den Boden und geht mit gesenktem Kopf um die Pfützen herumtanzend in die Mitte des Platzes. Dort angekommen wendet sie sich den Pferden zu. Diese stehen unverändert am Rand des Reitplatzes. Maike Richter nimmt die Arme hoch. Als die Pferde nicht reagieren, nimmt sie ihre Stimme hinzu und ruft den Pferden zu, dass sie laufen sollen. Die Pferde stört das nicht. Sie stehen, wo sie vorher schon gestanden haben, und das ganz ruhig.

Maike Richter geht ein Stück auf die Pferde zu, versucht, dichter an sie heranzukommen. Wenn da bloß nicht diese Pfützen wären. Mit den Augen am Boden versucht sie, den Pfützen auszuweichen. Während Maike Richters „Pfützenlauf" stehen die Pferde ruhig am Ausgang der Bahn und betreiben gegenseitige Fellpflege.

Einige Minuten später verändert sich die Haltung von Maike Richter. Sie löst ihren Blick vom Boden und geht erhobenen Hauptes und mit klarer Stimme auf die Pferde zu. Die Pferde wenden ihr den Kopf zu. Kurz darauf setzen sich die ersten zwei Pferde in Bewegung. Die anderen folgen. Von diesem Moment an „gehorchen" ihr die Pferde. Sowohl das Treiben der Pferde als auch das Überlegen und Abnehmen der Ringe klappen ausgezeichnet.

Als Maike Richter mit den Ringen in der Hand die Reitbahn verlässt, hat sie nasse Schuhe und dreckige Hosenbeine. Sie ist nachdenklich. Auch die Pferde haben ihr den Anfang sehr schwer gemacht. Warum?

Meine Gedanken

- Warum, denken Sie, haben die Pferde Maike Richter am Anfang ignoriert?
- Was hätte Maike Richter den Start in die Aufgabe erleichtert?

Reflexion

Maike Richter schaut an sich herunter und sieht voller Entsetzen ihre Schuhe. „Oh Gott, meine Schuhe" höre ich sie sagen. Auf die Frage, was ihr bei der Aufgabe wichtig war, antwortet sie, dass sie alle vier Teile der Aufgabe, wie beschrieben, erledigen wollte. Sie fühlte sich gut vorbereitet und hatte ein klares Bild von der Aufgabe vor Augen. Allerdings hat sie der nasse Boden überrascht.

Ihr wird bewusst, dass sie sich nach dem Betreten der Bahn nicht mehr auf die Pferde, sondern auf das sichere Umrunden der Pfützen konzentriert hat. Ihre Gedanken kreisen um die Frage, wie sie trockenen Fußes die Aufgabe meistern kann.

Während des Betretens der Bahn war sie stark mit sich und ihren Schuhen beschäftigt. Die eigentliche Aufgabe ist in den Hintergrund getreten. Ihr wird klar, dass ihre Annahme, die Pferde würden auch aus größerer Distanz merken, was sie will, falsch war. Erst als sie für sich erkannt hatte, dass den Pferden ihr Verhalten völlig egal ist, fing sie an, wieder in Richtung der Aufgabe und ihrer „Mitarbeiter" zu denken und zu handeln.

Maike Richter erkennt, dass sie wahrgenommen und beachtet wird, wenn sie ihrerseits ihre Interaktionspartner beachtet und wahrnimmt. Wendet sie ihre Aufmerksamkeit anderen Dingen zu, schwindet auch die Mitmachbereitschaft ihres Gegenübers. Sie reflektiert, dass sie auch im Berufsleben immer wieder abgelenkt ist. Für sie ist es zum Beispiel selbstverständlich, immer erreichbar zu sein. Ihr Handy ist ihr bester Begleiter und sie freut sich, eine so hohe Erreichbarkeit zu haben. Auch in Teammeetings und Arbeitsbesprechungen hat das Handy in der Regel Vorrang. Darüber hinaus legt sie großen Wert auf ihr Erscheinungsbild. Gut sitzende Sachen und perfekt gestylte Haare sind ihr Anspruch an ihr Erscheinungsbild. Kleinste Abweichungen machen sie unsicher. Gedanken wie: „Wie sieht das wohl aus?", „Was denken die anderen?" füllen im Hand umdrehen ihren Kopf aus und lassen ihr Zutrauen in sich und die anderen schwinden.

Maike Richter wird bewusst, dass sie viel mehr erreicht, wenn sie sich ganz auf die Aufgabe und ihre Mitstreiter konzentriert und sich ihnen zuwendet. Sie erkennt, dass sie auch schwierigste Aufgaben mit ihren Mitstreitern meistert, wenn sie bei der Sache ist, bei der Sache bleibt und ihre Ziele mit einem starken Willen verfolgt. Nur darüber vermittelt sich ihrem Gegenüber, dass ihr die Aufgabe wichtig und bedeutsam ist. Wenn sie nicht bei der Sache ist, warum sollten es die Anderen sein?

Die wichtigste Erkenntnis für Maike Richter aber ist: Egal, ob die Schuhe dreckig sind: Wenn sie sich sicher ist, wenn sie eine Sache will, dann folgen ihr sogar die Pferde.

Transferfragen

– In welchen Situationen fühlen Sie sich abgelenkt?
– Was empfinden Sie, wenn Sie unterbrochen werden?

– Welche Vereinbarungen können Sie treffen, um Störungen zu vermeiden?

Erkenntnisse

– Volle Konzentration auf das Gegenüber.
– Nur wenn ich bei den Anderen bin, sind sie auch bei mir.
– Zu viel Schein verhindert das Sein.

Wie ging es für den Teilnehmer weiter?

Maike Richter hat ein ordentliches Leben. Alles macht sie immer so, wie es von ihr erwartet wurde. Sie hat eine ordentliche Ausbildung, einen guten Job in fester Anstellung, sie ist beliebt bei den Nachbarn und Kollegen. Ihre Steuererklärung gibt sie pünktlich ab und zahlt GEZ nicht nur für den Fernseher, sondern auch für das Küchen- und das Autoradio. Und trotzdem fühlt sie sich oft komisch. Sie hat oft das Gefühl, dass hinter ihrem Handeln noch etwas bzw. jemand anderer steht. Sie fragt sich oft, warum bei allem, was sie tut, zuerst die Frage steht – was denken wohl die anderen?

Im Transfer bestand die erste Aufgabe darin sich zu überlegen, wie oft sie bei der Bearbeitung von Aufgaben hinter den eigenen Erwartungen zurückgeblieben war. In einem nächsten Schritt sollte sie für diese Situationen mal genau beschreiben, was die Erwartungen der „anderen" in dieser Situation waren und woher sie diese Information hatte. Dabei wurde schnell klar, dass sie ihre Erwartung darüber, was die anderen wohl denken, fast ausschließlich an äußeren Merkmalen festmacht. Ihre Freundlichkeit bei der Bearbeitung der Aufgabe, die Zeit, die sie sich für die Kunden nahm, die äußere Form der Notizen und die Mitschriften, die Ordnung in den Unterlagen und auf ihrem Schreibtisch.

Sie konzentrierte sich dabei erst an zweiter Stelle darauf, inwiefern diese anderen eigentlich die fachliche Leistung von ihr tatsächlich beurteilen konnten.

Im weiteren Verlauf hatte Frau Richter die Aufgabe, sich bei den nächsten, anstehenden Projekten eine kurze Liste der Personen zu erstellen, deren Urteil für sie in der konkreten Situation wichtig war. Das konnte der Chef sein, der die Priorisierung der Aufgabe im Arbeitsalltag bewerten musste. Das konnte der Kunde sein, der das Ergebnis beurteilte. Aber es konnte auch die Familie sein, die sich ggf. darüber äußerte, wie viel Zeit Frau Richter noch für die Familie hatte. Und nicht zuletzt war es wichtig, dass Frau Richter für sich selbst kurz notierte, wann die Aufgabe in ihrem Sinne gut erfüllt war und wann nicht.

Dann sollte Frau Richter sich überlegen, woher sie weiß, welche Erwartungen die beteiligten Gruppen in der konkreten Situation haben?

Anschließend hatte Frau Richter zu entscheiden, in welcher Phase des Projektes sie den für sie wichtigen Gruppen eine Rückmeldung geben konnte. Dabei sollte sie sich für einen Zeitpunkt, einen Umfang und eine Art und Weise der Rückmeldung entscheiden.

Nach 3 Monaten traf der Coach Frau Richter wieder. Sie erzählte stolz vom letzten Projekt. Sie hatte am Anfang die Gruppen bezeichnet, deren Urteil ihr wichtig war. Ihrer Familie hatte sie am Anfang erklärt, wie lange das Projekt läuft, und in welchen Projektphasen sie weniger Zeit haben würde. Mit ihrem Chef hatte sie die zur Verfügung stehenden Ressourcen abgesprochen: Welche anderen Aufgaben bleiben bei intensiver Bearbeitung des Projektes liegen oder werden später bearbeitet? Welche äußere Form von Dokumenten haben den Charakter von Arbeitspapieren, wann ist eine Präsentation „fertig" für den Kunden? Mit dem Kunden hatte sie darüber gesprochen, anhand welcher Kriterien dieser die Gesamtleistung bewertet.

Sie hatte sich in jeder Phase wohl gefühlt. Sie hatte den eigenen Ansprüchen genügt und sie hatte die ihr wichtigen Bezugsgruppen adäquat berücksichtigt. Sie hatte viel Zeit gewonnen und war zufrieden mit sich.

4. Überholen mit einem PS – Schlussgedanken

Sie haben es hinter sich. Sie sind durch mit dem Buch. Ist diese außergewöhnliche Form der Selbstreflexion und des Führungslernens etwas für Sie? Entscheiden Sie!

Nach einer langen Einleitung folgt jetzt ein kurzer Schluss:

Ihnen gehen zu den Coaching-Geschichten noch weitere Transferfragen, Erkenntnisse oder Bilder durch den Kopf? Dann teilen Sie uns diese gerne mit. Schreiben Sie an: info@chirondo.de.

Sie wollen uns zur Methode Ihre Meinung sagen? Schreiben Sie an info@chirondo.de.

Sie wollen wissen, wie authentisch Ihre Ausstrahlung ist und was Ihr Führungsstil tatsächlich bewirkt? Unsere hochsensiblen Trainerpferde geben Ihnen dazu eine ehrliche und gleichzeitig charmante Analyse und bieten Ihnen erlebbare Veränderungen.
Alle Informationen zu unseren offenen Trainings, Teamtrainings und Einzelcoachings finden Sie unter: www.chirondo.de (…und natürlich auch, was „Chirondo" bedeutet).

Denn: In jeder authentischen Persönlichkeit stecken Intuition und Stärke des Pferdes!

5. Literatur

Bauer, J. (2005). Warum ich fühle, was du fühlst: intuitive Kommunikation und das Geheimnis der Spiegelneurone. Hamburg: Hoffmann und Campe.

Gerrig, R. J. & Zimbardo, P. (2008). Psychologie. 18. Auflage. München: Pearson Studium.

Hendrich, F. (2008). Horse Sense oder wie Alexander der Große erst ein Pferd und dann ein Weltreich eroberte. Drei Schritte zum Führungscharisma. 2. Auflage. Wien.

Hirschhausen, E. v. (2010). Die Leber wächst mit ihren Aufgaben. München: Rowohlt Verlag.

Maiwald, J. & Liebwald, U. (2010). Smarter Life – Zehn Säulen für ein erfolgreiches Leben. Lengerich: Pabst Science Publishers.

Mukamel, R. u. a. (2010). Single-Neuron Responses in Humans during Execution and Observation of Actions. Current Biology, 20 (8), 750-756.

Selan, E. (2007). Ohne Sprache. Kommunikation fördern. Training, 4, 14 21.

Schulz von Thun (1981). Miteinander reden 1 – Störungen und Klärungen. Allgemeine Psychologie der Kommunikation. Reinbek: Rowohlt.

Schulz von Thun (Hrsg.) (2000/2003). Johannes Ruppel, Roswitha Stratmann: Miteinander reden: Kommunikation für Führungskräfte. Reinbek: Rowohlt.

Sprenger, R. K. (1998). Mythos Motivation. Frankfurt/Main, New York: Campus Verlag.

Watzlawik, P., Beaven, J. H. & Jackson, D. D. (1980). Menschliche Kommunikation. Bern, Stuttgart.

Watzlawick, P. (1986). Vom Schlechten des Guten oder Hekates Lösungen. München: Piper.

Wehrle, M. (2010). Die 100 besten Coaching-Übungen. Bonn: managerSeminare Verlags GmbH.

www.nzz.ch/nachrichten/forschung_und_technik/das_gehirn_tanzt__selbst_wenn_der_koerper_ruht_1.1622432.html (12.07.2011)

Klaus D. Hildemann (Hrsg.)

Persönlichkeit und Führungsverantwortung
Konkretionen des Sozialen, Band 6

178 Seiten
ISBN 978-3-89967-604-4
Preis: 19,80 €

PABST SCIENCE PUBLISHERS
Eichengrund 28
D-49525 Lengerich
Tel. + + 49 (0) 5484-308
Fax + + 49 (0) 5484-550
pabst.publishers@t-online.de
www.psychologie-aktuell.com
www.pabst-publishers.de

Es gibt keine "richtige" oder "falsche" Art von Führung, die sich Führungskräfte einmal aneignen und die sie als erfolgreich auszeichnet. Führungskräfte müssen vielmehr virtuos über eine große Vielfalt von Verhaltensweisen und Instrumentarien verfügen, um den vielfältigen Anforderungen und der Dynamik heutiger sozialer Organisationen gewachsen zu sein. Neben beruflicher Qualifikation haben sich immer deutlicher persönliche Qualifikationen in den Vordergrund geschoben. In Auswahlverfahren zählt nicht nur die richtige Profession, sondern es wird auch die persönliche Eignung in den Blick genommen. Verstärkt kommt es auch zu Trennungen vom Führungsmanagement, wenn Zielerfüllung und Mitarbeiterführung defizitär sind.

Die Frage nach der Persönlichkeit in der Führung sozialer Unternehmen, ihren Stärken und ihren Schwächen, ihren Chancen und Gefährdungen, steht im Fokus dieses Buches. In den Beiträgen geht es um grundsätzliche Überlegungen zur Führungspersönlichkeit, ihre Auswirkungen auf das Führungsverhalten und die Motivation der Mitarbeiter. Fragen zur Organisationskultur sozialer Unternehmen als Kontext von Führungsverhalten wie auch praktische Umsetzungen der Kompetenzentwicklung runden das Thema ab.